國井良昌 著
Kunii Yoshimasa

ついてきなぁ！
品質とコストを両立させる「超低コスト化設計法」

わかりやすく
やさしく
やくにたつ

日刊工業新聞社

はじめに　職人は道具を使えて一人前！

あなたが技術者という職人なら、
低コスト化で使用している道具（開発手法）を紹介してください。

まさか……！

もたもたすんじゃねぇ～！

オイラみてぇな大工同様、……
カンナ、ノコギリ、ノミ、トンカチを出しやがれっ
てんだ**よぉ**！

オイ！ 聞いてんのか？
返事ぐれぇ**しろ～～て**ぇんだ！

まさお！オメェ……まさか？

大工の棟梁
巌さん
↓

「厳さん！
そのまさか……
なんですぅ。」

少ない費用（Cost、コスト）で高い成果（performance、パフォーマンス）が得られる場合、「コストパフォーマンスが高い」と表現します。設計的には、「品質とコストの両立」、「品質とコストの設計バランスをとる」と言い、最高レベルの設計ワザとされています。

最高レベルのワザを発揮するためには、どのような職人も道具を有しており、その道具を使いこなして一人前と言われます。下図は、低コスト化設計に必須の、設計職人には欠かせない道具（開発手法）であり、「5＋2」種類が存在しています。

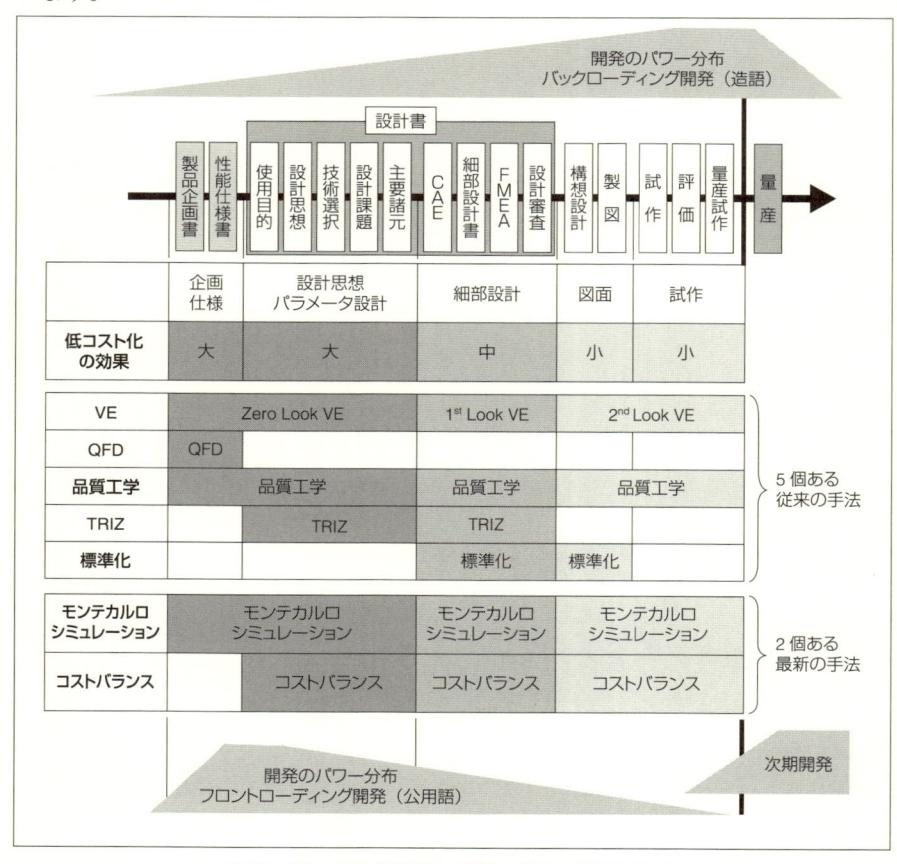

	企画仕様	設計思想 パラメータ設計	細部設計	図面	試作
低コスト化の効果	大	大	中	小	小
VE		Zero Look VE	1st Look VE	2nd Look VE	
QFD	QFD				
品質工学		品質工学	品質工学	品質工学	
TRIZ		TRIZ	TRIZ		
標準化			標準化	標準化	
モンテカルロシミュレーション	モンテカルロシミュレーション	モンテカルロシミュレーション	モンテカルロシミュレーション	モンテカルロシミュレーション	
コストバランス		コストバランス	コストバランス	コストバランス	

上段5行：5個ある従来の手法
下段2行：2個ある最新の手法

開発のパワー分布 バックローディング開発（造語）
開発のパワー分布 フロントローディング開発（公用語）
次期開発

設計書：使用目的／設計思想／技術選択／設計課題／主要諸元／CAE／細部設計書／FMEA／設計審査

製品企画書 → 性能仕様書 → 設計書 → 構想設計 → 製図 → 試作 → 評価 → 量産試作 → 量産

図表　低コスト化活動に必須の道具（開発手法）

安かろう、悪かろう……戦後、国内はもとより諸外国からも非難を浴びた日本製品ですが、QC手法などの科学的手法を導入した結果、メードインジャパンは高品質の代名詞となっていました。

　しかし、その後の日本製品は二つの方向へと邁進します。一つが過剰品質、もう一つは、過剰機能、つまり、客が望まない多機能化でした。

　一方、コストパフォーマンスを目標に、低コスト化を強化したのが隣国の工業界です。その結果が、液晶テレビやスマートフォン、その他の家電製品の急進です。実は、日本製品の原点であったことが悔しい限りです。

　コストパフォーマンスが高い商品の開発には、開発手法が必要で、それらを駆使して隣国の工業界が急進しました。しかし、前述した過剰品質と多機能化に開発手法は不要でした。日本企業は、すべての低コスト化手法を捨てたのです。

　そこで本書は、優れたコストパフォーマンスを求めて、今、設計の原点に戻ります。

【コンセプト】
　コストパフォーマンスが高い商品開発を目指すには、気合いや感性ではなく、優れた道具（開発手法）が必要であることを理解する。

【手段】
　① 職人とは、道具を使いこなして一人前になれることを理解する。
　② 低コスト化手法は「5＋2」種類が存在し、その特徴を知る。
　③ 設計職人は、道具（開発手法）を使って成果を得る。

【目標】
　「5＋2」種類が存在する低コスト化手法のうち、確実な効果と即効性のある手法を選択し、低コスト化設計の実践へと導く。

　以上をもって、あなたを一気に即戦力へと向かわせます。本書は、あなたを道具が使える設計職人へと導きます。まずは、「超低コスト化設計法」から。

2013年4月

　　　　　　　　　　　　　　　　　　　　　　　　　　　筆者：國井良昌

目 次

はじめに：職人は道具を使えて一人前！

第1章　低コスト化はうんざり！

> 厳さん！
> もう、低コスト化活動は、うんざりですよ！

> オイ、まさお、！
> そりゃなぁ、的（目標）と弓（道具）がねぇからだぜぃ！

1-1　間違いだらけの開発手法選び ……………………………………… 12
1-2　本書の対象者と対象企業 …………………………………………… 13

1-3　的がなければ弓は引けない ………………………………………… 15
　1-3-1　価格破壊は自己破壊 …………………………………………… 15
　1-3-2　無謀なコスト目標 ……………………………………………… 16
　1-3-3　コスト度外視の贅沢開発はできるのか？ …………………… 20
　1-3-4　なるほど！松下幸之助語録に納得！ ………………………… 21

1-4　弓がなければ矢は射られない ……………………………………… 22
　1-4-1　大和魂ではグローバルで戦えない …………………………… 22
　1-4-2　気合いだ！気合いだ！もっと圧力をかけろ！ ……………… 23

1-5　コストに関する用語辞書 …………………………………………… 24
　1-5-1　設計見積り力の重要性について ……………………………… 27
　1-5-2　事例：低コスト化会議における隣国企業の実力 …………… 30
　　〈超低コスト化力・チェックポイント〉………………………………… 32

第2章　低コスト化へのインフォームドコンセント

> まさお、よく聞け！
> 一人前の職人になるにはよぉ、道具の使いこなしが肝心だぜぃ！

> 厳さん！
> 設計職人の道具って何ですか？

2-1　低コスト化へのインフォームドコンセント（同意） ………………… 36
 2-1-1　医療現場におけるインフォームドコンセント ………………… 36
 2-1-2　低コスト化に関するコンセンサス（同意） …………………… 37

2-2　「5＋2」種類が存在する低コスト化手法 …………………………… 40
 2-2-1　低コスト化手法を捨てた日本企業 ……………………………… 42
 2-2-2　バックローディング開発からフロントローディング開発へ ……… 44
 2-2-3　フロントローディング開発に必須の低コスト化手法 ………… 45
 2-2-4　設計プロセスと低コスト化手法の関係 ………………………… 46
 2-2-5　設計の前工程ってどこ？ フロントローディングってどこ？ …… 48

2-3　Ⅰ：隣国が躍進したその訳は日本が捨てたVE手法 ……………… 49
 2-3-1　米国生まれのVE手法 …………………………………………… 50
 2-3-2　コストダウン手法とVE手法の違い …………………………… 51
 2-3-3　事例：中部国際空港の大赤字を救った自動車企業の幹部 …… 52
 2-3-4　事例：デジカメからファインダーをなくした偉業 …………… 54

2-4　Ⅱ：日本生まれのQFDで人気のデジカメを企画 ………………… 58
 2-4-1　事例：QFDによる新デジカメを企画する ……………………… 59
 2-4-2　事例：QFDによるポスタータイトルの決定 …………………… 61
 2-4-3　簡易QFDでトライアル！ ……………………………………… 63

- 2-5　Ⅲ：日本生まれの品質工学で人気のデジカメを再企画……………… 68
  - 2-5-1　事例：品質工学による新デジカメの再企画……………… 70
  - 2-5-2　事例：品質工学による分析：第一ステップ……………… 74
  - 2-5-3　事例：品質工学による分析：第二ステップ……………… 75
  - 2-5-4　事例：品質工学による分析の結論……………………… 76
  - 2-5-5　品質工学の賢い導入方法………………………………… 77

- 2-6　Ⅳ：韓国工業界躍進の原動力はTRIZ（トゥリーズ）……………… 78
  - 2-6-1　ロシア生まれのTRIZ（トゥリーズ）とは………………… 80
  - 2-6-2　事例：TRIZ40の発明原理とその絵辞書…………………… 81
  - 2-6-3　事例：それでも使えないTRIZ……………………………… 88

- 2-7　Ⅴ：甘い！日本の大手自動車企業の標準化……………………… 91
  - 2-7-1　ドイツ車に腰を抜かした自動車企業の技術陣……………… 91
  - 2-7-2　事例：標準化で負けた零式艦上戦闘機（零戦、ゼロ戦）…… 93
  - 2-7-3　事例：標準化で材料費半額の隣国EV（電気自動車）……… 96

- 2-8　最重要項目は設計見積りができること……………………………… 104
  - 2-8-1　コストに無関心な日本人技術者…………………………… 106
  - 〈超低コスト化力・チェックポイント〉……………………………… 109

第3章　新低コスト化手法の取捨選択

> どうだ、まさお！
> 5つの低コスト化手法を理解したかぁ？

> 厳さん、ありがとうございます！
> でも、新手法があと二つあるんでしょ？

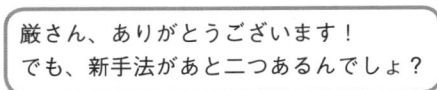

```
3-1  二つの新しい開発手法を取捨選択 ································ 114
  3-1-1  品質とコストの両立ができない日本企業 ···················· 114
  3-1-2  それでもできない！品質とコストの最適設計 ················ 118
  3-1-3  大黒柱を削って屋根が落ちる ······························ 121

3-2  Ⅵ：なんでもできるモンテカルロシミュレーション ·············· 122
  3-2-1  身近にあるモンテカルロシミュレーション ·················· 124

3-3  Ⅶ：中1数学で実践するコストバランス法 ······················· 126
  3-3-1  コストバランス法の概念 ································· 126
  3-3-2  事例：レーザプリンタのレーザ部品はコスト上の難題 ········ 128
  3-3-3  何でもバレてしまうコストバランス法 ····················· 132
  3-3-4  低コスト化手法に関するコンセンサス ····················· 133
    〈超低コスト化力・チェックポイント〉 ······················· 134
```

第4章　これならできる！コストバランス法

厳さん！
第4章は、もしかして、あの隣国の大企業が採用した「超低コスト化設計手法」ですか？

おぉ……そうよ！よく知っているじゃねぇかい、あん？
リベンジを果たすならよぉ、徹底的に駆使しろ。これは命令だ！

4-1　開発手法に関するインフォームドコンセントの完了 ……………… 138
　　4-1-1　中1数学を駆使するコストバランス法　……………… 139

4-2　「これ以上の低コスト化はできない！」の見える化 ……………… 140
　　4-2-1　低コスト化不可能を目で確認 ……………… 140
　　4-2-2　鉛筆削り器の詳細構造を知る ……………… 142

4-3　事例：競合機分析から自社商品の実力位置を知る ……………… 144
　　4-3-1　事例：競合機の情報を収集する ……………… 144
　　4-3-2　事例：コストバランス法の近似式（業界線）と相関係数 ……… 147
　　4-3-3　事例：業界線に対する自社の実力位置 ……………… 151
　　4-3-4　中1数学がわからない！相関係数って何？ ……………… 154

4-4　事例：自社商品の鉛筆削り器を徹底的に低コスト化 ……………… 155
　　4-4-1　的（目標）は円でもなく％でもなく勾配（傾き）！ ……… 156
　　4-4-2　部品費の見積り方法 ……………… 159
　　4-4-3　部品に関する低コスト化方針の決定方法 ……………… 161
　　4-4-4　組立費の見積り方法 ……………… 164
　　4-4-5　組立に関する低コスト化方針の決定方法 ……………… 167

4-5　鉛筆削り器の30％コストダウンへの具現化 ……………… 172
　　4-5-1　部品分析における30％コストダウンへの具現策 ……… 173
　　4-5-2　組立分析における30％コストダウンへの具現策 ……… 175
　　4-5-3　事例：30％コストダウンの具体例 ……………… 176
　　〈超低コスト化力・チェックポイント〉 ……………… 178

第5章　コストバランス法で材料高騰に緊急対処

> オイ、まさお！
> 第5章は、ノウハウのてんこ盛りだぁ！
> しっかりと自己研鑽（じこけんさん）しろ！
> これは命令だ！

> 厳さん、わかりました。
> コストバランス法で、「品質とコストの両立」を目指します！

5-1　事例：低コスト化を実施する商品の現状分析 ………………………… 182
　　5-1-1　レーザプリンタのフレーム用鋼板材料の高騰 ………………… 183
　　5-1-2　コストバランス分析（CB分析）の作成手順 ………………… 184
　　5-1-3　コストモーメント分析（CM分析）の作成手順 ……………… 189
　　5-1-4　アンバランス要因とカウンターバランスという設計概念 ……… 194

5-2　鋼板の材料高騰に関するコストバランス法の実施 …………………… 197
　　5-2-1　マイナーチェンジの方針を決定する ………………………… 198
　　5-2-2　事例：具体的な設計変更の手順 ……………………………… 202
　　5-2-3　定着系に関するコストバランス法の深掘り ………………… 204

5-3　コモディティ別によるさらなるコストバランス法 …………………… 206
　　5-3-1　事例：コモディティ別の低コスト化活動 …………………… 207
　　5-3-2　これでもか！これでもか！とコストバランス法の醍醐味 …… 209

5-4　禁じ手の鋼板フレームを低コスト化設計してみる？ ………………… 210
　　〈超低コスト化力・チェックポイント〉 …………………………… 215

おわりに：手法の有効活用は指導者で決まる！
書籍サポートのお知らせ

第1章
低コスト化はうんざり！

- 1-1 間違いだらけの開発手法選び
- 1-2 本書の対象者と対象企業
- 1-3 的がなければ弓は引けない
- 1-4 弓がなければ矢は射られない
- 1-5 コストに関する用語辞書

〈超低コスト化力・チェックポイント〉

> **オイ、まさお！** よく聞け！
>
> 一人前の職人になるには**よぉ**、「道具」の使いこなしが肝心**だぁ**！
>
> **しっかしなぁ、**
> 世の中には**よぉ**、粗悪な道具もわんさとある。気をつけろ！

> 厳さん！わかりました。
>
> 道具の選択は慎重にいきます。
> キーポイントは、「電卓レベル」のライト級の道具ですね！

【注意】
第1章に記載されるすべての事例は、本書のコンセプトである「若手技術者の育成」のための「フィクション」として理解してください。

第1章 低コスト化はうんざり！

1-1 間違いだらけの開発手法選び

　トラブル未然防止策として、FMEA（Failure Mode and Effects Analysis）やFTA（Fault Tree Analysis）と呼ばれる開発手法があります。

　例えば、FMEA。本来は単純な手法ですが、日本独特の厳格なルールに基づく古い古い「計算尺時代のFMEA」や、複雑怪奇な「合体FMEA」が多くの若手技術者を悩ませています。

　その延長線上で、何度も繰り返す大イベントのデザインレビュー（設計審査）も同様に、若手技術者を悩ませています。いつの間にか若手技術者の目的や目標は、商品開発ではなく、大イベントに向かっていたのです。

　悩ませても、それが設計プロセス上で不可欠なら、重要なイベントですが、日本を代表する大手自動車企業や家電企業は、社告・リコールを繰り返し、収束の気配すら見えません。近年は、その企業名が特定化していることが特徴です。

　何度も繰り返す大イベントが、社告・リコールをも繰り返させていたのです。

　社告・リコールと表現すると、何とも思わなくなってしまったようですが、「顧客第一主義」と唱えていたそれらの企業が、使用ミスだとして決めつけて、顧客を敵にまわす場合や、顧客の財産や命までも容易に奪い去っているのです。

　当事務所の調査によれば、それらの原因は単純でした。FMEAやデザインレビューが、……

① 管理者の、管理者による、管理者のための開発手法に変貌。
② これがすべて、これが必須と言わんばかりに重き手法を安易に強制導入。

　商品開発というものは、FMEAやデザインレビューでできるものではありません。それは、研究、設計、生産、試作、調達/資材、検査、保守/保全、そして営業など、多くの人々とのコミュニケーションでできるのです。

　そして、多くの人々とコミュニケーションをとるためには、複雑怪奇な手法ではなく、単純かつ、容易でライト級の手法が「現場」で求められているのです。

　これを、当事務所では「電卓レベルの開発手法」と呼んでいます。ちょっとした計算をするとき、パソコンを開いてエクセルを起動し……。

　いや、それよりも卓上にある電卓の方がとても便利で早いですよね。

本書シリーズの「ついてきなぁ！設計トラブル潰しに『匠の道具』を使え！」では、FMEA/FTA、そして、デザインレビューシステムを、「設計者の、設計者による、設計者のための開発手法」に戻し、電卓レベルの開発手法を伝授しています。

さて、低コスト化の話題に入ります。

低コスト化の開発手法は、「5＋2」種類が混在しています。この中にも、重き手法と「電卓レベル」の開発手法が混在しています。詳しくは、第2章と第3章で解説します。

品質もコストも、設計に必要な開発手法に間違った手法は存在しません。しかし、貴社に適した、または、あなたに適した開発手法を選択してください。適さない手法の選択は、「百害あって一利なし」となる場合があります。それは、日本の大企業が反面教師として教えてくれました。

現代に適した開発手法に共通していることは、「電卓レベル」のライト級手法です。

超低コスト化力
間違いだらけの開発手法を回避するために、重くて難解な開発手法よりも、「電卓レベル」の開発手法がお勧めである。

1-2　本書の対象者と対象企業

本書は、とくに若手設計者を対象にしています。具体的に言えば、以下の技術者です。

> ①　商品の設計者
> ②　部品の設計者
> ③　生産ラインの設計者
> ④　上記③における組立て装置、組立て治工具の設計者
> ⑤　上記③における検査装置、検査治工具の設計者
> ⑥　商品企画者[注]、部品企画者[注]、システム企画者[注]、生産企画者[注]
> 　　注：企画とは、本来、設計者の仕事である。

第1章　低コスト化はうんざり！　13

ところで、日本国内にはいったい何社ぐらいの企業が存在するでしょうか? それは、100万社です。ここには工業界をはじめ、飲食や衣料関連など、すべての業種を含んでいます。

次に100万社のうち、中小企業は何%でしょうか?

それは、なんと99%が中小企業です。

本書は、99%の企業のために執筆しました。残念ながら、残り1%の大企業には、役に立たないかもしれません。

> **超低コスト化力**
> 本書は、「設計者の、設計者による、設計者のための低コスト化開発手法」を解説/指導する。

> **超低コスト化力**
> 本書は、日本企業の99%を占める中小企業のために執筆されている。残り1%の大企業には役に立たないかもしれない。

厳さん!
日本の大企業にも役立つ低コスト化手法を書いてほしかったですよね!

べらんめぇ!

モノづくりに**よぉ**、大企業も中小企業もねぇだろがぁ、**あん?**
モノづくりとは**なぁ**、真心とワザの融合。それを助けるのが道具だぁ!**メモしておけ!**

> **超低コスト化力**
> モノづくりとは、真心とワザの融合。それを助けるのが道具だぁ!メモしておけ!

1-3 的がなければ弓は引けない

それでは、低コスト化開発手法のインフォームドコンセント[注]に入っていきましょう。

> 注：最適な治療法を患者に施す際、それを選択した理由を説明し、患者から同意を得ること。本来は、医療専門用語である。第2章の項目2-1でも解説する。

サブタイトルの「的（まと）」と「弓（ゆみ）」とはいったい、何のことでしょうか？　早速、厳さんとまさお君に再現してもらいましょう。

1-3-1. 価格破壊は自己破壊

社員を講堂や大会議室に集め、社長の御曹司であるまさお君が、新年の挨拶を始めました。

> 従業員の皆さん、新年明けましておめでとうございます！
> 今年こそは、業界のプライスリーダーとなり、業界に「価格破壊」を巻き起こそうではありませんか！

> また、プライスリーダーってかぁ？　あん？　もう、聞き飽きたぜぃ！
> プライスリーダーは、結構だがよぉ、一体何すりゃいいの？
> オイ、まさお、偉そうに言っていないでよぉ、具体的に言え！

厳さんの言う通りだと思います。

リーダーたる者、仲間に対して具体的な指標や具体的な業務指示を出さないと、仲間は動けません。したがって、「業界のプライスリーダーになれ！」では何もしないのと同じです。

この企業は、スーパーマーケットで有名なDa社でした。「価格破壊」の単語は、Da社を創業したNa氏のかけ声として経営者間では有名です。

しかし、この企業はその後どうなったか知っていますか？　価格破壊ではなく、自己破壊してしまいました。

> **超低コスト化力**
> 価格破壊は、自己破壊！　低コスト化活動には、具体的な指標や具体的な業務指示が必要である。

1-3-2. 無謀なコスト目標

　敏腕でイケメン、その若手商品企画者であるまさお君が、技術陣の前で半年後に市場へ出す新製品の企画説明会を催しました。

　　新プロダクトの技術陣へ！
　　この次機種、新商品こそは機能2倍、そして、価格を従来機の半額に抑えた画期的な商品です。社運をかけて、とにかく、……とにかく、がんばっていただきたく思います。

　　べらんめぇ、何が機能2倍、価格が半額だよ。オメェなぁ、そういうのを「絵に描いた餅」、「絵に描いたモチベーションの低下」って言うんだよ。気合いだけで、グローバルでは戦えねぇんだよ。

　多くの日本企業で見られるシーンが、無謀な性能アップ、無謀な低コスト化気合いでいく商品開発、気合いで進出する海外生産です。このような安易な経営方針に呆れてしまいます。その一方で、……。
　石橋を叩いて渡る……技術開発の世界でも、大変重要なことわざです。しかし、こればかりを単純に繰り返していると、今度はグローバルで大きな遅れをとることにもなります。
　かつて、QCDPa^{注1}の「D」を「Delivery、期日」と訳していましたが、現在は、「開発スピード」と訳します。開発スピードと訳せない一部の日本企業が急激に衰退しました。　注1：後の「ちょいと茶でも」で解説する。

　話をもとに戻しましょう。

　「機能2倍、価格が半額」は、元気があってよいのですが、それが可能な根拠を、ある程度は示す必要があります。前述の場合、企画部のまさお君が示すべきです。
　請け負う者は、パイオニア精神があってはじめて、技術者と呼ぶ職人ですから、「ある程度」でよいと思います。
　しかし、気合いや感性による「機能2倍、価格が半額」などの無謀な目標設定は避ける時代です。

「竹やりでB29[注2]を落とす」……第二次世界大戦中のセンテンスですが、現在でも、この「竹やり」精神が日本の若手技術者にも留まっているのでしょうか？

注2：第二次世界大戦で、日本国を苦しめたアメリカの大型爆撃機。原爆投下にも使われた。

気合いや感性による無謀な目標設定の行く末は、「社告・リコール」です。

それは、日本を代表する大手自動車企業や家電企業が、反面教師として実証しました。しかも、何度も実証してくれました。

社告・リコールとは、……
① 「顧客第一主義」であったはずの、その顧客を、
② 顧客の使用責任であると、急に態度を翻し、
③ 顧客から容易に財産を奪い、そして、お命までも奪っている

このことは、一技術者としても決して許されない事実でしょう。

> **超低コスト化力**
> 無謀なコスト目標の設定の行く末は、社告・リコールである。社告・リコールは、お客様の財産と命を容易に奪っている。

第1章　低コスト化はうんざり！

ちょいと茶でも……

技術者の四科目と主要三科目

　本書の「ついてきなぁ！」シリーズでは、何度か記載されています。それは、「技術者の四科目と主要三科目」です。
　お受験と言えば、「国語、算数、理科、社会、そして、英語」の五科目です。「国語と英語」が語学、「算数と理科」で理数系、そして最後の「社会」は、歴史、経済、政治、環境など多分野に渡る難関受験です。

　一方、技術者はQ（Quality、品質）、C（Cost、コスト）、D（Delivery、期日）、Pa（Patent、特許）のたったの四科目。これを、「QCDPa」と呼びます。全科目が技術系です。

　技術者といっても、Paにはあまり関係のない部門もありますので、QCDを「技術者の主要三科目」と言っています。
　実は、これらは当事務所のコンサルタントメニューであり、コンサルタント要綱にしています。
　したがって、クライアント企業にてQCDPaのうち、どれか一つでも目に見える形で成果が出なければ報酬はもらえません。また、QCDPaは掛け算なのです。ゼロが一つでもあれば、Q×C×D×Pa＝0となります。

　代わって、隣国大企業の話。
　ここも当事務所のクライアント企業ですが、社員は年俸制であり、業務指名制です。上司からの指名がなければ、なんと仕事は皆無です。野球もサッカーも、監督（上司）から指名がなければ試合に出られません。（仕事がありません。）

　そうか！

　隣国の技術者は、野球選手、サッカー選手と同じ雇用システムか！
　そうですが、それだけではありません。ホステス、ホスト、美容院、ネールアーティスト、エステティシャンとまったく同じです。「指名」という言葉は使いませんが、ラーメン屋、蕎麦屋、寿司屋、レストランとまっ

たく同じ、年俸制の指名制です。まずい店には二度と行きません。

　それでは、日本の技術者はどうでしょうか？
　職場の人手不足と言っても、コンサルタントの目からは多くの企業で人が余っていました。その証拠に、定時後でも周辺の仲間が帰宅しないと、真っ先に席を立つ人がなかなかいません。余裕があるのに……。

　口癖は、「あぁ、忙しい！」や「やっていられない！」
　座っていれば、仕事が入ります。

　社告・リコールで、顧客の財産や命を奪っても、プレスの前での謝罪は皆無です。設計ミスしてトラブル発生、……いわゆる「自爆」でも残業代が出ます。仕事が遅いほど、ミスがあるほど、残業代、そしてなんと、休日手当てまでももらえるのです。これが日本企業の設計者？いや、そんなはずはありません！

　今一度、職人の原点に戻りませんか？職人の原点は、年俸制と指名制です。そこには、当たり前の「競争の原理」が存在しています。

　図表1-3-1は、技術者の各部門におけるQCDPaの重要度です。再認識できれば幸いです。

部門名	Q	C	D	Pa	備考
研究	●	●	●	●	かつては、QとPaだけでよかった。
企画	●	●	●		Paは不要というわけではない。
設計	●	●	●	●	Paは小物の特許でもよい。
試作	●	●	●		CとDは組立て工数に集中する。
生産	●	●	●		Paは不要というわけではない。
検査	●				CとDは不要というわけではない。
品質管理	●				CとDは不要というわけではない。
調達/資材/購買	●	●	●		QCDを熟知して部品調達の役を成す。
営業技術	●	●	●		QCDを熟知して顧客の信用を得る。
保守・保全	●		●		Cは不要というわけではない。
リサイクル	●	●			大企業に存在する部門。

図表1-3-1　企業における各部門と技術者の四科目との関係

（技術者の四科目　重要度大：●）

1-3-3. コスト度外視の贅沢開発はできるのか？

今の若手技術者は、以下をどのように思うのでしょうか？

このように贅沢な時代があったのですね。しかし、当事務所のコンサルテーションの経験から言えば、在宅勤務やサテライトオフィスなど、奇抜なことをやる企業は「良い会社」とは言えません。案の定、この企業も衰退の一途をたどっているようです。

2003年の6月、ずいぶん昔の話です。多くのプレスを前にして、社長になったつもりのまさお君が、熱く語ります。

本日は当社にとって記念すべき日です！
当社の技術者諸君！コスト度外視して、高級AV機器の「ハイグレードシリーズ」を開発してほしい。販売店には、……。

この企業の販売店には、高級ホテル同様に、専門説明員である「コンシェルジュ」を置くこともすでに決定しているとのことです。もちろん、業界初とのことで多くの自慢話が延々と続きました。

ビデオカメラ、プロジェクタ、テレビ、ヘッドホン、MDプレーヤなどのAV機器類、その高級機器のラインアップです。

開発技術者や生産技術者のモチベーションの向上に役立つなら、
褒めてあげてぇがよぉ、
気合いと感性しか感じられんなぁ……。

そして、この代表格の販売店は、3年後の2006年9月末に閉店となりました。
一方、当事務所では、日本を代表する自動車企業N社の技術者にヒアリングしました。「いくらでも金をかけていいから、コスト度外視、儲け度外視の自動車を開発/設計できますか？」……すると、まともな答えが返ってきました。
「意外と思うかもしれませんが、自動車の設計とは数々の規定や規制があってできるものです。サイズや質量（重量）、燃費や排気ガス、騒音、衝突安全性、視界、そしてコストです。」……感無量。

まさお君に忠告します。もう少し、設計という職業を調査してからでもよかったと思います。

1-3-4. なるほど！松下幸之助語録に納得！

　日本を代表する自動車企業の創業者である豊田喜一郎氏、そして、もう一人はまったく説明がいらない松下幸之助氏です。名古屋で開催されたパーティーにおける両者の会話です。カーラジオの話ですから、これまた、昔の話です。

　　幸之助さん、うちに納めているカーラジオの件ですが、もう少し安くしていただけませんかね？

　　なんぼでっしゃろ？

　　10％ダウンで結構なんですが……

　　それは、絶対にできまへん！50％ならできまっせ！なぜなら……

　　うーむ！なるほど。出直します。

豊田喜一郎氏が、「なるほど！」と納得したその理由を解説します。

当時、10%のコストダウンなど、松下電器産業株式会社（現 パナソニック株式会社）としては当たり前の活動として実施済でした。

コストダウン手法というのは、どう頑張っても最大10%であることが経営学からも自明となっていたのです。

それ以上を望むなら、設計からやり直さなければならない、と松下幸之助氏は豊田氏に語ったと言い伝えられています。

> **超低コスト化力**
> 的がなければ弓は引けない。的とは具体的な目標や目標値。弓とは、道具（開発手法）のことである。

1-4 弓がなければ矢は射（い）られない

前項の的（まと）と弓（ゆみ）を理解できましたか？ 的とは、低コスト化活動の具体的な目標や目標値のことであり、弓とは、その目標に向かっていくために必要な道具（開発手法）のことです。気合いや感性ではありません。

さて、本項の「弓がなければ矢は射られない」の「弓（ゆみ）」と「矢（や）」とは何のことでしょうか？ 再び、厳さんとまさお君に再現してもらいましょう。

1-4-1. 大和魂ではグローバルで戦えない

社員を行動や大会議室に集め、社長の御曹司であるまさお君が、新年の挨拶を始めました。

> 従業員の皆さん、新年明けましておめでとうございます！
> 我々グループ会社、一枚岩（いちまいいわ）となって、
> とにかく、がんばりましょう。
> そして、我が社の「大和魂」を見せつけましょう！

まさお君の会社は、水道管やバルブなどの配管部品を製造、販売をしている会社です。隣国の部品は、かつての日本製品のように「安かろう、悪かろう」でしたが、ここのところ、安さだけではなく、めきめきと高品質になってきたのです。

オメェよぉ、「一枚岩」とか、「がんばれ！」とか、「大和魂」とか。それしか言えねぇのかよ。なさけねぇときたもんだぜぃ。
隣国の工業界が急進した今、精神論は無駄だぜぃ！

　厳さんの言う通りだと思います。
　どうも、日本企業は「大和魂」などの精神論がお好きなようです。隣国の工業界が、「ここのところ、安さだけではなく、めきめきと高品質になってきた」と前述しましたが、どうしてでしょうか？　第2章の項目2-3で解説します。

1-4-2. 気合いだ！気合いだ！もっと圧力をかけろ！

　大和魂などの精神論のほか、「気合い」や「圧力」も日本企業独特の現象です。オリンピックのレスリングの応援で「気合いだ！気合いだ！気合いだ！」と何度も叫ばれましたが、現在のスポーツで「気合い」ではメダルは取れませんでした。スポーツでも優れた道具、それを使いこなす技（わざ）があってはじめて優秀することができるのです。
　試合中に道具を使わないスポーツでも、練習中に使う道具、例えば、筋力トレーニングマシンなどの使い方がものをいう時代と聞いています。

　再び、社長の御曹司であるまさお君が登場します。どうやら、昨日の気合いに関して、社長から入れ知恵があったようです。

勝ち組になるために、次世代に求められるモノは「気合いだ！」、我々の協力会社である部品会社に対しては、さらに「乾いた雑巾」を絞りまくれ！
すべては気合いと圧力だ。気を緩めるな！

オメェよぉ、まるで借金の取立て屋みてぇじゃねぇかい、あん？
自分のところは何もせず、部品会社ばかりいじめたらよぉ、いつかはオメェの会社もそうなるぜ。
もう少し、科学的に考えろ！

第1章　低コスト化はうんざり！　23

まるで、映画「夜逃げ屋本舗」に出てくる借金の取立て屋のようですね。
　厳さんの言うとおり、自社では何もせず、協力会社の部品会社ばかりに低コスト化の圧力をかけているようです。いつかは、この企業も同じ目に遭うと思います。
　気合いや圧力でしか低コスト化ができない企業には、科学的な低コスト化手法へのアプローチが必要です。

> **超低コスト化力**
> 弓がなければ矢は射られない。弓とは、道具（開発手法）のこと。矢とは戦う意思である。

　第1章のタイトルは、「低コスト化はうんざり！」でした。どうして、うんざりなのか、ここでまとめておきます。

> ① 低コスト化のための道具（開発手法）をもっていないうんざり！
> ② 重きFMEA同様、重き開発手法にうんざり！
> ③ つまり、間違いだらけの開発手法選びにうんざり！
> ④ 的がないので、弓が引けないうんざり
> 　（的とは具体的な目標や目標値。弓とは道具、開発手法のこと。）
> ⑤ 弓がないので矢が射られないうんざり！
> 　（弓とは道具、開発手法のこと。矢とは、戦う意思を意味する。）
> ⑥ 実は、最後のうんざり……？

　上記、「最後のうんざり……？」とは何でしょうか？　それは、……。

1-5　コストに関する用語辞書

　「最後のうんざり……？」は、単語の無理解です。つまり、前記の⑥は、……

> ⑥ コスト専門用語にうんざり！

……だったのです。
　外国語、つまり、英語、韓国語、中国語、ドイツ語などの言語が無理解のまま、一週間や一ヶ月も外国にいたら「うんざり！」でしょう。
　そこで、次ページには、コストに関わる簡易辞書を作成しておきました。

「原価」、「コスト」、「定価」、「売価」、「見積り」という具合に、物品にまつわる価格関連の単語があふれています。ここで、簡単に説明しましょう。

① 原価：利益を含まない仕入れ値のこと。
「もっとまけてくださいよ！」、「お客さん、これ以上まけたら原価割れです。勘弁してください！」……この会話からも推定できるように、仕入れ値よりまけたら大赤字となる。

② コスト：①と同じ。

③ 定価：前もって定められた値のこと。例えば、「タバコの定価＝原価＋店の利益＋店の経費＋税金……」となる。売る側や店側が決める意味合いが強い。

④ 売値：「うりね」と呼ぶ。売価（ばいか）やストリートプライスとも言う。実際に売り渡す値のこと。例えば、「定価の3割引き」と言えば、7割の部分が売値となる。

⑤ 価格：③、および④を意味するが、③の「前もって定められた値」の意味合いが強い。ただし、メーカー側が決める意味合いが強い。

⑥ オープン価格：オープンプライスとも言う。メーカー側が価格を定めていない。家電品の多くに導入されている。小売店が決める売値が店頭やネット上で表示される。

⑦ 値段：⑤と同じ。

⑧ プライス：⑤と同じ。

⑨ ストリートプライス：④と同じ。

⑩ 言い値：「いいね」と呼ぶ。売る側の言うままの値。値切交渉しないままの値。反対語は、「付け値」という。

⑪ 付け値：「つけね」と呼ぶ。買い手が物品に付ける値。客側が付ける値のこと。反対語は「言い値」という。

⑫ 指値：「さしね」と呼ぶ。買うもしくは、売る場合の希望値段を指定して注文する方法。主に株式で使われる用語である。

⑬ 原価見積り：原価計算とも言う。例えばメーカーの場合、現物や図面に基づく原価を算出すること。サービス業などで「見積り無料」という場合があるが、この場合は、現場や現物から判断して「原価」をはじき、定価を算出することを意味する。原価は①を参照。

⑭ 設計見積り：⑬の場合、図面や現場や現物の存在が特徴的であるが、図面も現物もない設計段階で、およそいくらであるかの原価を算出すること。原価は①を参照。

前述の①から⑭の単語は、設計業務の中で何度も出てくる単語です。一般常識としても大いに役に立ちます。今すぐに、理解しておきましょう。

また本書は、「原価」と「コスト」を混在して解説することになります。どうしても、慣例から統一はできませんでした。ご理解ください。

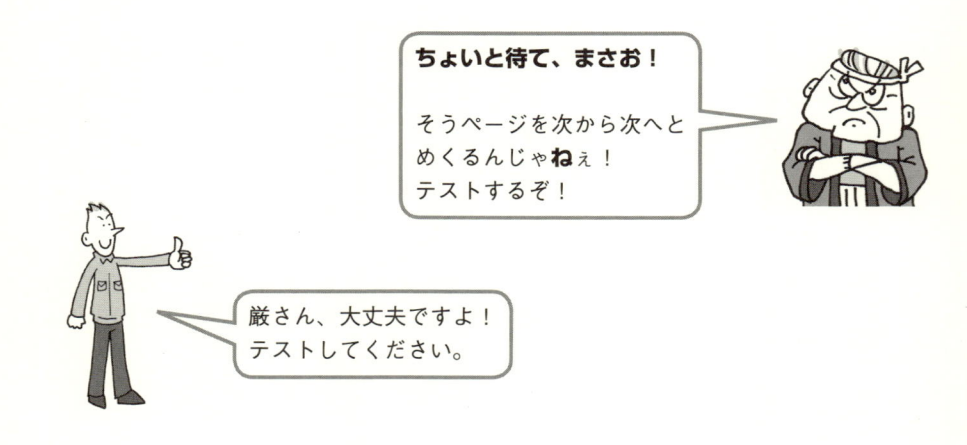

> ちょいと待て、まさお！
> そうページを次から次へとめくるんじゃねぇ！
> テストするぞ！

> 厳さん、大丈夫ですよ！テストしてください。

超低コスト化力
設計見積りとは、図面もない現物もない設計段階で、およそいくらであるかの原価を算出すること。

超低コスト化力

設計見積りができなければ、すべては「言い値、付け値」の世界になり、低コスト化活動もまったくできない。

1-5-1. 設計見積り力の重要性について

　もう、耳にタコができたかもしれません。
　「ついてきなぁ！」シリーズでは、何度も掲載している下記の現象です。技術スカウトマンが、日本にも世界にも存在しています。そのスカウトマンは、日本の研究者と生産技術者はスカウトしていますが、現在、日本人設計者はスカウトしません。その理由は、……

　① 累積公差計算ができない。
　② 自分で描いた図面のコストを見積れない。
　③ 設計書が書けない。

偏見はあっても、驚愕する事実です。

　一方、設計審査とは、設計書を審査する設計プロセスです。その設計書に記載されるはずの、QCDPa（技術者の四科目）を審査するのが設計審査です。

　しかし、多くの日本企業では、設計書が書けない、設計書がない設計審査を実施しています。また、QCDPaのうち、「C」が議論されない設計審査を実施しています。これでも、ISO9001を取得している日本企業です。このような状況下でグローバルで戦えますか？

　非難ばかりを読むのは気分が悪くなりますよね。
　そこで、前記①②に関する対処は、書籍「ついてきなぁ！ 加工知識と設計見積り力で『即戦力』」（日刊工業新聞社刊）と、同、「ついてきなぁ！ 加工部品設計の『儲かる見積り力』大作戦」で、自己研鑽（じこけんさん）してください。

　また、前記③については、書籍「ついてきなぁ！『設計書ワザ』で勝負する技術者となれ！」と同、「ついてきなぁ！ 設計のポカミスなくして楽チン検図」で自己研鑽をお願いします。

かなり、きつい解説でしたね。きっと、あなたは気分を害されたでしょう。
しかし、この先は「超低コスト化設計法」の本格的な解説に入っていきます。部品のコストがおよそいくらかと、その場で算出できなければ、……

> ① コスト化のための道具（開発手法）をもっていてもうんざり！
> ② 「電卓レベル」でライト級の開発手法でもうんざり！
> ③ つまり、最適な開発手法を選んでもうんざり！
> ④ 的があっても、弓があってもうんざり！
> ⑤ 弓があっても矢があってもうんざり！
> ⑥ コスト専門用語を理解してもうんざり！

再び、「うんざり！」への逆戻りです。

ちょいと茶でも……

厳さんのミニテスト

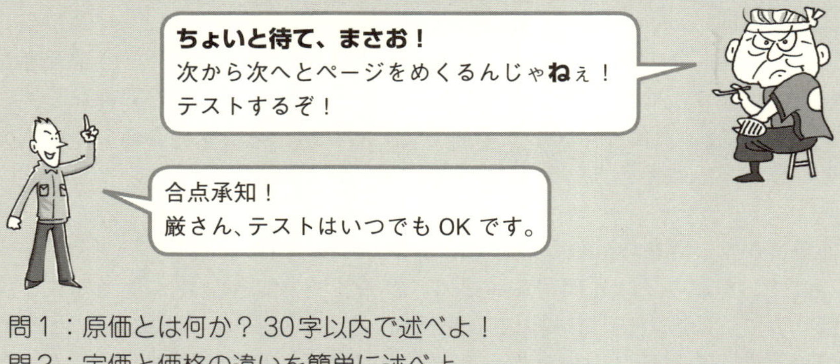

ちょいと待て、まさお！
次から次へとページをめくるんじゃねぇ！
テストするぞ！

合点承知！
厳さん、テストはいつでもOKです。

問１：原価とは何か？30字以内で述べよ！
問２：定価と価格の違いを簡単に述べよ。
問３：価格と値段とプライスの違いを30字以内で述べよ。
問４：言い値と付け値の違いを簡単に述べよ。
問５：原価見積りと設計見積りの違いを簡単に述べよ。

解答は、後述。

厳さんのミニテストの解答

前述の「厳さんのミニテスト」は、実施しましたか？
学生の学力や技術者の技術力とは、このようなところで「差」がつくものです。
「厳さんのミニテスト」は、キチンとそこで立ち止まって机上のノートに記述しましょう。

> **オイ、まさお！**
>
> 単語がわかんなきゃ**よぉ**、低コスト化活動はできねぇだろがぁ、**あん**？

それでは、解答します。
解答1：原価とはコストともいい、利益を含まない仕入れ値のこと。

解答2：基本的には同じであるが、定価とは、売る側や店側が決定する場合が多く、価格とは、メーカー側が決定する場合が多い。

解答3：「価格」と「値段」と「プライス」は、同じ意味。

解答4：「言い値」は、売る側の言うままの値であり、「付け値」は、買い手が物品に付ける値。

解答5：「原価見積り」とは、現物や図面に基づく原価を算出することで、「設計見積り」とは、図面も現物もない設計段階で、およそいくらであるかの原価を算出すること。

本書において、特に「解答5」の理解が重要です。何度も復習してください。これらの単語を知らないと、QCDの「C」が理解できないことを意味します。検図もできなければ、設計審査もできません。もちろん、低コスト化活動もできません。

1-5-2. 事例：低コスト化会議における隣国企業の実力

前項では、設計見積り力の重要性を解説しました。本書は、低コスト化のための開発手法（道具）を解説していますが、設計見積りができなければ、優れた手法も「豚に真珠」、「猫に小判」となってしまいます。

さて、図表1-5-1は、日本企業における低コスト化会議の議事録と、あの有名な隣国企業における同、議事録との比較です。（商品は手動鉛筆削りに置き換えています。）

日本企業の低コスト化活動議事録　4月15日		
No	低コスト化案	見積り値の**提出期限**
1	板金ケースと大型ケースの樹脂一体化	4月22日まで
2	大型ケースの薄肉化（2mm⇒1.2mmへ）	4月19日
3	回収ケースの薄肉化（2mm⇒1.2mmへ）	4月19日
4	ゴムホルダを3個から1個へ	4月22日まで
—	—	—
19	ゴム1面シートを4点丸型シートへ	4月24日まで
20	先端削り機能（機構）の削除	4月20日
	合計見込み金額	？

隣国企業の低コスト化活動議事録　4月15日		
No	低コスト化案	**見積り値**（ウォン）
1	板金ケースと大型ケースの樹脂一体化	－286
2	大型ケースの薄肉化（2mm⇒1.2mmへ）	－214
3	回収ケースの薄肉化（2mm⇒1.2mmへ）	－190
4	ゴムホルダを3個から1個へ	－1,050
—	—	—
19	ゴム1面シートを4点丸型シートへ	－100
20	先端削り機能（機構）の削除	－1,785
	合計見込み金額	**－3,625**

図表1-5-1　日本企業と隣国企業の低コスト化活動に関する議事録の比較

差異に気がつきましたか？

日本企業は、アイデア出しだけで会議が終了します。その議事録には、「本日○○件抽出」と記録されます。しかし、隣国企業の議事録には、「本日○○件抽出、△△ウォンの低コスト化の見通し」となっています。

もう、はっきり言って日本企業の負けです。なぜなら、議事録のあと、数週間かけて見積り値が入手でき、そこからまた再検討の会議です。

経済戦争と言われて久しい年月が経ちますが、どうしてこのようなまどろっこしい日本企業になってしまったのでしょうか？　低コスト化のためのアイデアを抽出し、その場でおよそいくらかと算出しなければ、場の緊張感がそがれます。

　日本企業のすべてではありませんが、ある企業の「低コスト化活動」は、活動の題材として「現物」を机上に準備します。しかし、必ずと言っても過言ではない弱点は、以下の通りです。

> ① 低コスト化に必須のVEやコストバランス法などの手法がない。
> ② 机上に図面がない。図面の事前準備がない。
> ③ 部品の精度、累積公差、幾何公差を論じない。
> ④ 部品の材料を論じない。
> ⑤ 活動の成果が、その場で原価（コスト）を算出できない。

　特に⑤は深刻です。その場で結果がでなければ、低コスト化案の「空論」も数多く含まれ、なんといっても、会議の緊張感が薄れます。

超低コスト化力
設計見積りができなければ、優れた低コスト化手法も「豚に真珠」、「猫に小判」となってしまう。

> ちょ、ちょいと待てよぉ。
>
> そんじゃ、何かい？**オメェ**ら機械屋っていうのはよぉ、見積りもできねぇ～で、おまんま食って**や**がってのかい？**あん？**

> 厳さん！実はその～～。
> すぐに「**ついてきなぁ！加工知識と設計見積り力で『即戦力』**」で勉強しますぅ。

第１章　低コスト化はうんざり！

超低コスト化カ・チェックポイント

【第1章における超低コスト化カ・チェックポイント】
　第1章における「超低コスト化カ・チェックポイント」を下記にまとめました。理解できたら「レ」点マークを□に記入してください。

〔項目1-1：間違いだらけの開発手法選び〕
　① 間違いだらけの開発手法を回避するために、重くて難解な開発手法よりも、「電卓レベル」の開発手法がお勧めである。　□

〔項目1-2：本書の対象者と対象企業〕
　① 本書は、「設計者の、設計者による、設計者のための低コスト化開発手法」を解説/指導する。　□

　② 本書は、日本企業の99％を占める中小企業のために執筆されている。残り1％の大企業には役に立たないかもしれない。　□

　③ モノづくりとは、真心とワザの融合。それを助けるのが道具だぁ！メモしておけ！　□

〔項目1-3：的がなければ弓は引けない〕
　① 価格破壊は、自己破壊！低コスト化活動には、具体的な指標や具体的な業務指示が必要である。　□

　② 無謀なコスト目標の設定の行く末は、社告・リコールである。社告・リコールは、お客様の財産と命を容易に奪っている。　□

③ 的がなければ弓は引けない。的とは具体的な目標や目標値。弓とは、道具（開発手法）のことである。　□

〔項目1-4：弓がなければ矢は射られない〕
① 弓がなければ矢は射られない。弓とは、道具（開発手法）のこと。矢とは戦う意思である。　□

〔項目1-5：コストに関する用語辞書〕
① 設計見積りとは、図面もない現物もない設計段階で、およそいくらであるかの原価を算出すること。　□

② 設計見積りができなければ、すべては「言い値、付け値」の世界になり、低コスト化活動もまったくできない。　□

③ 設計見積りができなければ、優れた低コスト化手法も「豚に真珠」、「猫に小判」となってしまう。　□

　チェックポイントで70％以上に「レ」点マークが入りましたら、第2章へ行きましょう。第2章以降では、設計職人に必須の各種の「低コスト化手法」を解説します。

厳さん！
僕も、各種の低コスト化手法を理解して、設計職人になってみせます！

まさお、よく言ったなぁ！
そんじゃ、「弓がなければ矢は射られない」をもう一度、噛み締めろ！

第2章
低コスト化へのインフォームドコンセント

- 2-1　低コスト化へのインフォームドコンセント（同意）
- 2-2　「5＋2」種類が存在する低コスト化手法
- 2-3　Ⅰ：隣国が躍進したその訳は日本が捨てたVE手法
- 2-4　Ⅱ：日本生まれのQFDで人気のデジカメを企画
- 2-5　Ⅲ：日本生まれの品質工学で人気のデジカメを再企画
- 2-6　Ⅳ：韓国工業界躍進の原動力はTRIZ（トゥリーズ）
- 2-7　Ⅴ：甘い！日本の大手自動車企業の標準化
- 2-8　最重要項目は設計見積りができること

　　〈超低コスト化力・チェックポイント〉

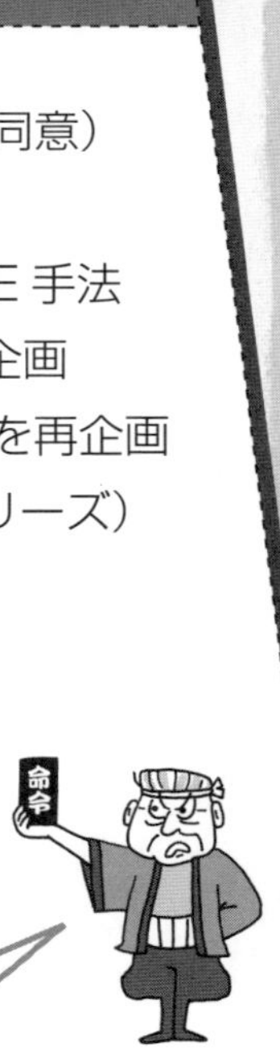

> **オイ、まさお！** よく聞け！
>
> 一人前の職人になるには**よぉ**、「道具」の使いこなしが肝心**だぁ**！
>
> **オメェ**にとっての道具とは何だ？さっさと答えろ、**これは命令だ！**

> 厳さん！ そう言えば……
> 料理人もスポーツ選手も、そうですよね！ 道具を磨きぬいていますね！
> ところで、設計の道具って何ですか？

【注意】
第2章に記載されるすべての事例は、本書のコンセプトである「若手技術者の育成」のための「フィクション」として理解してください。

第2章 低コスト化へのインフォームドコンセント

2-1 低コスト化へのインフォームドコンセント（同意）

　現代の医療行為において、1990年からインフォームドコンセントという行為が医師から患者へなされるようになりました。いくつもの治療法がある中で、ある患者に最もふさわしいと判断する治療法を施すには、患者への十分な説明とインフォームドコンセント[注1]、つまり、同意を得ることが必要となったのです。

　　　注1：医療における専門用語であり、同意や合意を意味する。本項ではあえて使用した。

　一方、商品や部品の開発にて、コストパフォーマンス[注2]に優れた開発には、数々の開発手法が存在しますが、以降は、現代に最もふさわしいと判断する手法を解説していきます。本章では、そのためのコンセンサス[注3]、つまり、同意をあなたから得たいと思います。

　　　注2：少ない費用（コスト）で高い成果（パフォーマンス）が得られる場合、「コストパフォーマンスが高い」と表現する。
　　　注3：一般用語であり、同意や合意を意味する。

2-1-1. 医療現場におけるインフォームドコンセント

　ある胃がんの患者がいます。

　現代の医療では、その患者に対して早期がんか進行がんかの違いによって、治療法も大きく変わります。例えば、**図表2-1-1**に示す様々な治療法が存在します。

　病院では、その患者に対してあらゆる検査を施し、最適な治療法を模索します。

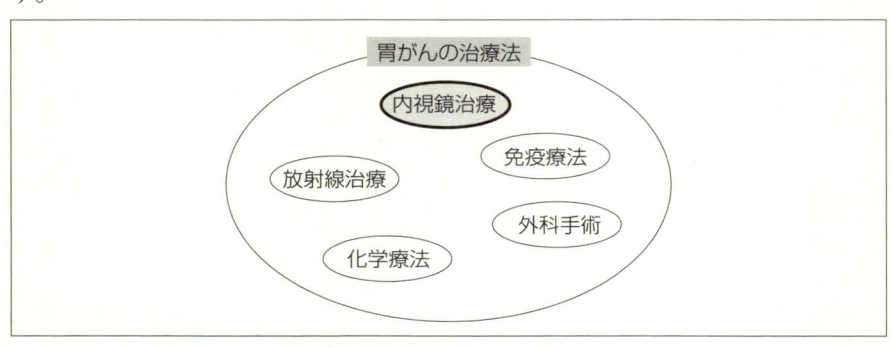

図表2-1-1　胃がんの治療方法とインフォームドコンセント

担当医は、診断の結果が早期がんであることや着床部位などを患者へ説明します。

　そして、図表2-1-1では……

> 　すべての治療法と、中でもその患者に最適な治療法が、「内視鏡治療」であることを説明しています。

　次に、術後のケアなどの不安要素や各種の疑問を解消し、選択した治療方法に関して患者から同意を得ます。
　患者に判断能力がない場合は、患者の家族から同意を得ます。この医療プロセスを、インフォームドコンセントと言います。

2-1-2. 低コスト化に関するコンセンサス（同意）
　安かろう、悪かろう……戦後、国内はもとより諸外国からも非難を浴びた日本製品ですが、米国からQC手法などの科学的手法を導入した結果、メードインジャパンは高品質や最高品質の代名詞となりました。
　かつて、隣国との領土問題で両国の関係が悪化し、日の丸や日本車を炎上させても、その国の若き母親たちは、日本製の粉ミルクを買い続けていました。
　しかし、高品質を獲得した日本製品は、その後、**図表2-1-2**に示すように二つの方向へと邁進したのです。

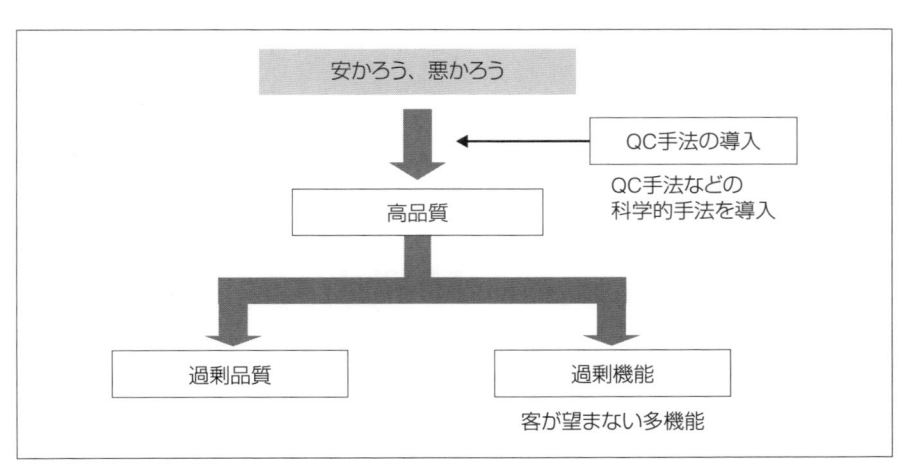

図表2-1-2　高品質の日本製品が向かった道

その一つが過剰品質。
　車のボンネット裏側に傷ひとつない車、かつて数十万素子のうち、ドット落ちがゼロ個の液晶テレビなど、身近なところでは過剰包装もその類（たぐい）でしょう。

　もう一つは、過剰機能。別名、客が望まない多機能化です。
　世界の異端児やガラパゴス仕様と呼ばれた日本製の携帯電話、温風吹き出し便座、エアコン付き洗濯機、イオン発生装置付き液晶テレビ、放射線測定機能付きのスマートフォンなど、尽きることを知りません。

　一方、コストパフォーマンスを目標に、低コスト化を推進したのが隣国の工業界です。その結果、造船から始まり液晶テレビや、スマートフォンや、デジタル複写機、その他の家電製品の躍進です。コストパフォーマンスとは、日本製品の原点であったことが悔しい限りです。

　コストパフォーマンスが求められているものには、大きな物では国際空港やタンカーであり、小さいものではペットボトルや文房具などがあり、対象物の大きさや目的の違いによって開発手法も大きく変わります。
　例えば、**図表2-1-3**に示す様々な治療法、あっ、間違えました、様々な開発手法が存在します。

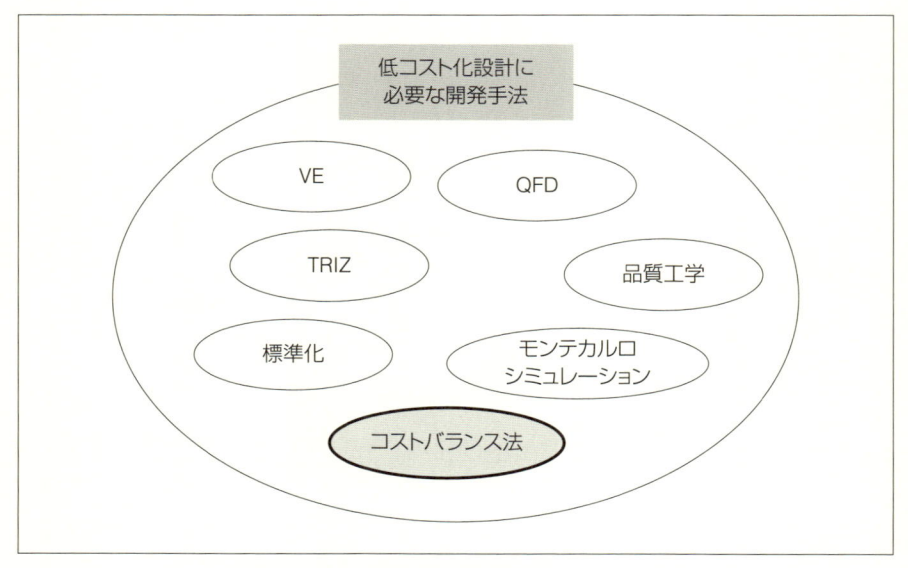

図表2-1-3　低コスト化設計法とコンセンサス

ここで重要なことに気がついたでしょうか？　それは、……

　それは、高品質を獲得した後の日本製品が進んだ道、つまり、過剰品質と過剰機能（多機能化）の商品には、開発手法が必要ないのです。「えぃ！　やぁ！」の世界、つまり、気合いや感性で開発します。
　一方、日本製品の原点であり、隣国製品が躍進したコストパフォーマンスを追及する商品には、開発手法が必要なのです。

　現在、多くの日本企業では開発手法が存在していません。

> **超低コスト化力**
> 過剰品質と過剰機能商品の開発には気合いと感性が必要。一方、コストパフォーマンス商品には、開発手法が必要である。

　そこで、本書は当事務所のクライアント企業のあらゆる状況を調査し、最適な開発手法を選択しました。

　あらゆる状況を調査とは、……

　筆者の著作、「ついてきなぁ！　設計トラブル潰しに『匠の道具』を使え！」（日刊工業新聞社刊）では、トラブル未然防止の手法であるFMEA/FTAを重き手法から開放し、「電卓レベル」を合言葉にライト級の手法を推奨/指導しています。
　それが、「3D－FMEA/3D－FTA」です。

　同時に、若手技術者に重くのしかかっている大イベント化したデザインレビュー（設計審査）を、同、MDR（ミニデザインレビュー、身の丈デザインレビュー）と称して推奨/指導しています。
　日本独特の「計算尺時代のFMEA」や「合体FMEA」や「大イベント化デザインレビュー」を実施している日本を代表する大手自動車企業や家電企業が、……

---

① 「管理者の、管理者による、管理者のための手法」に変貌したこと。
② 社告・リコールが収束せず、いつまでも繰り返していること。
③ 若き技術者が、商品ではなくイベントに向かって仕事をしていること。

第2章　低コスト化へのインフォームドコンセント

そして、若手技術者は嘆いています……

役立たずのFMEA/FTA、デザインレビュー

　当事務所では、この現象を捉えました。
　これらを反面教師として、前述の「3D－FMEA/3D－FTA」と「MDR」を、「設計者の、設計者による、設計者のための手法」として指導しています。

　したがって本書は、図表2-1-3の……

> 　すべての開発手法と、中でも「設計者の、設計者による、設計者のための開発手法」が「コストバランス法」であることを解説します。

　以降は、「5＋2」種類の開発手法を解説し、「設計者の、設計者による、設計者のための開発手法」である「コストバランス法」の導入と、導入後のケアなどの不安要素や各種の疑問を解消し、あなたから同意を得ることに努めます。

　これを、一般的に「コンセンサスを得る」と言います。

超低コスト化力
> 　本書はこの先、日本の99％の企業[注]とあなたのために、「コストバランス法」が最適であることのコンセンサスを得ていく。

注：日本の企業の99％が中小企業。項目1-2を参照。

2-2　「5＋2」種類が存在する低コスト化手法

　「低コスト化、低コスト化」と記述してきましたが、隣国の工業界が急進した今、「低コスト化」という表現は、少々、ニュアンスが異なります。後の第3章の項目3-1で詳述しますが、日本を代表する大手自動車企業や家電企業による「低コスト化」は、顧客の財産や命までも容易に奪い去りました。
　それは、社会問題まで発展した大規模な社告・リコールです。今も、収束の気配が見えずに繰り返しています。

　今、顧客が求めている「低コスト化」とは、次に示すセンテンスとなります。

> ① 品質とコストの両立
> ② 品質とコストの設計バランス
> ③ トータルコストデザイン
> ④ コストパフォーマンスの高い商品

①～④は、すべて同義です。

単純な「低コスト化」ではなく、(Quality、品質) とC (Cost、コスト) が、同時に関わっています。①と②と④は、本項で解説します。また、③に関しては、第3章で解説します。

さて、少ない費用 (Cost、コスト) や限られた予算[注]で高い成果 (performance、パフォーマンス) が得られる場合、「コストパフォーマンスが高い」と表現します。 注：項目1-3の「的がなければ弓は引けない」の「的」に相当する。

設計的には、「品質とコストの両立」、「品質とコストの設計バランスをとる」と言い、設計職人にとっては、最高レベルの設計ワザとされています。

超低コスト化力
「品質とコストの両立」と「品質とコストの設計バランス」は、設計職人にとっては、最高レベルの設計ワザである。

最高レベルのワザを発揮するためには、どのような職人も道具を有しており、その道具を使いこなして一人前と言われます。

……

オイ、まさお！
これが大工の道具だ**ぜぃ**！
オメェも当然、持っているよなぁ、**あん？**

第2章　低コスト化へのインフォームドコンセント

図表2-2-1は、低コスト化設計に必須の、設計職人には欠かせない開発手法であり、「5＋2」種類が存在しています。

	企画仕様	設計思想パラメータ設計	細部設計	図面	試作	
低コスト化の効果	大	大	中	小	小	
VE		Zero Look VE	1st Look VE	2nd Look VE		5個ある従来の手法
QFD	QFD					
品質工学		品質工学	品質工学	品質工学		
TRIZ		TRIZ	TRIZ			
標準化			標準化	標準化		
モンテカルロシミュレーション		モンテカルロシミュレーション	モンテカルロシミュレーション	モンテカルロシミュレーション		2個ある最新の手法
コストバランス		コストバランス	コストバランス	コストバランス		

(開発工程：製品企画書→性能仕様書→[設計書：使用目的／設計思想／技術選択／設計課題／主要諸元／CAE／細部設計書／FMEA／設計審査]→構想設計→製図→試作→評価→量産試作→量産)

開発のパワー分布　バックローディング開発（造語）
開発のパワー分布　フロントローディング開発（公用語）
次期開発

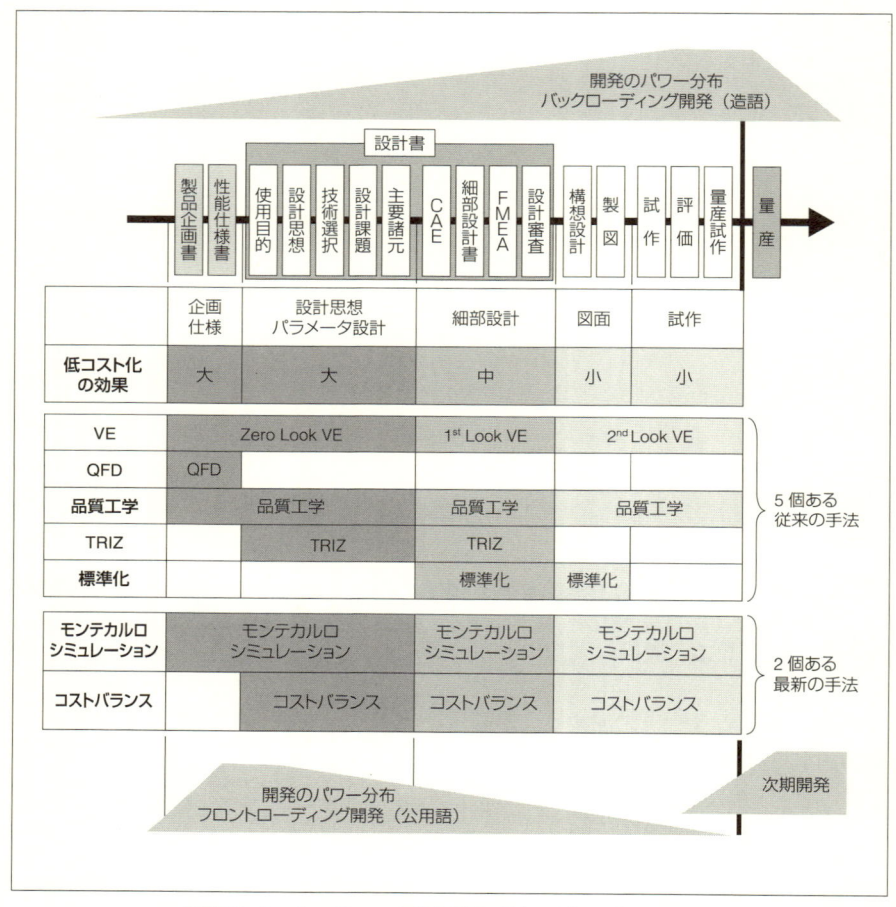

図表2-2-1　低コスト化活動に必須の道具（開発手法）

2-2-1．低コスト化手法を捨てた日本企業

　敗戦国、日本。終戦後、日本人はなんとか勝戦国のアメリカに追いつき追い越そうと努力してきました。しかし、あまりのあせりから、「安かろう、悪かろう」と国内はもとより、世界中から悪しきレッテルを貼られました。
　その反省から、アメリカからQC手法を導入し、企業内の全社員やパートやアルバイトまでQC教育とQC活動を実施し、QC手法をバイブルとしたのです。

長年の努力の結果、メードインジャパン＝高品質、最高品質という名声を勝ち得ました。QC手法の根底は、ボトムアップと言って、一般社員やパートやアルバイトなどの企業としては下位層のモラルや士気を高めることに特徴がありました。

　一方で、企業経営の基本であるトップダウン経営の厚みが薄れてきました。

　極端な話、経営者は何もしなくてもよい、すべては部下がやってくれるQC手法が構築され、名ばかりの海外視察、ゴルフ、ギャンブル三昧の経営者が出現しました。舵取り役のいない企業は、高品質を獲得したその先は、さらに高品質へと邁進します。制動が利かなくなった車のように。そして、二極化しました。一つが過剰品質、もう一つは、客が望まない多機能化でした。それらの商品が、自動車から家電品まで、日本中のありとあらゆる産業へと伝播したのです。

　やることのない経営者は、奇抜な制度を思いつきで導入します。在宅勤務、サテライトオフィス、企業ボランティア、社内ベンチャー。

　一方、コストパフォーマンスを目標に、低コスト化を推進強化したのが隣国の工業界です。その結果が、液晶テレビやスマートフォン、その他の家電製品の急進です。実は、日本製品の原点でした。
　コストパフォーマンスが高い商品の開発には開発手法が必要で、それらを駆使して隣国の工業界が急進しました。しかし、前述した過剰品質と過剰機能に開発手法は不要です。日本企業は、すべての低コスト化手法を捨てたのです。一度捨てた大事な「物」と「者」は、二度と獲得できないと賢人は言います。物とは伝統、技術、手法であり、者とは「人は金なり！」の従業員です。

> **超低コスト化力**
> 過剰品質と過剰機能の開発に、低コスト化手法は無用。すべては、思いつきと感性で開発する。

> **超低コスト化力**
> コストパフォーマンス開発に、低コスト化手法は必須。手法は、思いつきと感性を排除する。

　そこで本書は、優れたコストパフォーマンス商品を求めて、今、設計の原点に戻ります。

2-2-2. バックローディング開発からフロントローディング開発へ

それでは、図表2-2-1を詳細に解説しましょう。

「品質の90％、コストの80％は設計で決まる」と言われています。

いくつかのクライアント企業で質問すると、この一文を知ってはいても、実際の活動は、前者残りの10％、後者残りの20％の領域で改善へむけて努力しています。この開発形態を当事務所では、図表に示す「バックローディング開発（造語）」と呼んでいます。なんと、効率が悪い開発形態でしょうか？

この先、何十年と繰り返すのでしょうか？

> **超低コスト化力**
> 品質の90％、コストの80％は設計段階で決定する。

前項でも解説しましたが、経営の基本姿勢と言われるトップダウン方式は、その名の通り全体を見渡せる経営層からの発信であり、単なる提案ではなく、業務命令や指示で全体統制をとることができます。

しかし、QC手法の特徴であるボトムアップ方式は、下層現場からの提案の発信であり、全社的な視点に欠けるだけでなく、命令や指示する権限がないため統制がとれません。

また、品質は「工程で作り込む」ものではなく、設計審査までに「設計で作り込む」ものに変わっています。コストについても原価管理で、つまり、設計段階で作り込むべきものになりました。生産開始時には品質もコストも「垂直立ち上げ」が要請され、100％仕上がっていることが求められる時代なのです。

これを「フロントローディング開発」と呼び、公用語となっています。もう一度、図表2-2-1を見て、バックローディング開発と対比してみてください。

> **超低コスト化力**
> 時代は、フロントローディング開発の体制へ！ フロントローディング開発ができない企業は、負け組となる可能性あり。

さて、当事務所ではコンサルテーション活動を通じて、ある種の「傾向」を把握しました。

かつてのQC手法が活発であった日本の大企業ほど、負け組へと足を突っ込み、なかなか勝ち組へと抜け出られない傾向があります。あえて、企業名を挙げなくても、それらの有名企業は、あなたの脳裏に浮かぶと思います。

また、隣国の巨大企業で「QC手法」という単語を耳にしたことはまったくと言ってよいほどありません。
　ここまで説明すると、QC手法が悪者のように感じられるかもしれませんが、それは誤解です。QC手法が悪いのではありません。技術者にとって、QC手法は基本中の基本です。

　では、何が問題かと言うと、このQC手法だけにいつまでもしがみついている企業が存在し、時代の要求についていけなくなっているのです。言い換えれば、「顧客第一主義」と唱える一方、顧客要望の変化についていけず、常にQC手法だけにしがみついている。これが問題なのです。

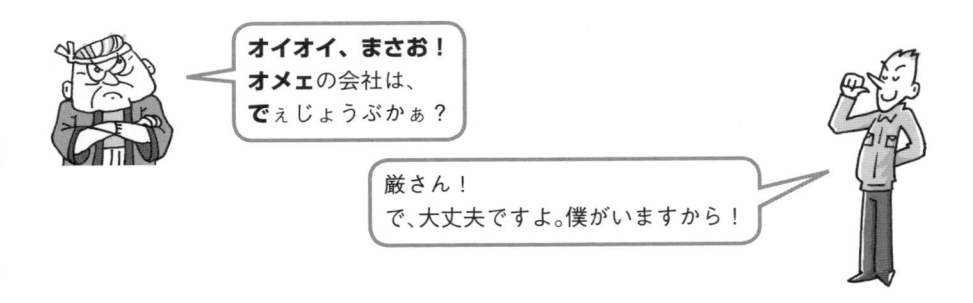

> オイオイ、まさお！
> オメェの会社は、
> でぇじょうぶかぁ？

> 厳さん！
> で、大丈夫ですよ。僕がいますから！

2-2-3. フロントローディング開発に必須の低コスト化手法

　東京の下町や東大阪、そして、筆者が住む埼玉県川口市は、中小企業というよりも零細企業の街です。そこの経営者に「時代はバックローディング開発からフロントローディング開発です！」といってもなかなか理解はしてくれません。それでも、10人中一人ぐらいは、説明会の後に問い合わせがあります。

「理解はできたが、どうすればフロントローディング開発ができるのか？」

　そこで、筆者は答えます。
　「どうやるかのHowよりも、何をやるかのWhatを教えます」と。そうすると、ほぼ100％理解してくれます。
　負け組のバックローディング開発から、勝ち組になるためのフロントローディング開発への移行のコツは、……

> ① 設計審査の実行
> ② FMEA審査の実行
> ③ 低コスト化活動
> ④ フロントローディング特許（特許出願）

　以上の4項目を、出図前、および、試作前に実行することです。キーワードは、「前（フロント）」です。
　「終わり良ければすべて良し」、これは、70年前の設計スタイルです。今や、「最初が肝心」……これでしょう！

超低コスト化力
フロントローディング開発とは、設計審査、FMEA審査、低コスト化活動、特許出願を出図前、試作前に実施すること。

2-2-4. 設計プロセスと低コスト化手法の関係

　さらに、図表2-2-1の解説を継続します。
　筆者は度々、「料理を設計、料理人を設計者」にたとえて説明します。同じ職人同士なのでよく理解できるからです。
　例えば、料理人の「命」とまでいわれている道具に包丁があります。包丁といっても大きくは3種です。中華包丁と洋包丁、そして、和包丁です。

　料理とは、……

① 料理の目的（商談接待、お見合い、冠婚葬祭、日常の食事、退院後）
② 目的に即したメニューの選択
③ 食材の選択
④ 洗浄、皮むきなどの段取り
⑤ 各種料理道具の準備
⑥ 料理開始
⑦ 料理過程毎のチェック
⑧ 最終チェック
⑨ 盛りつけ

前述の①から⑨を図表2-2-1の上部に位置している設計フローと対比してみてください。料理と設計（≒商品開発）が酷似していることが理解できます。酷似して当然です。なぜなら、職人同士の仕事プロセスは、すべてに共通だからです。

　さて、前述した包丁ですが、中華包丁は、図表2-2-1に記載される道具のうち、「VE」と「品質工学」と「モンテカルロシミュレーション」に相当します。中華包丁とは、身幅の大きい「万能包丁」と呼ばれ、ほとんどの食材を中華包丁一本で処理します。例えば中華包丁の側面で、にんにくを一気に潰すシーンをテレビで観た筆者は、たいへん感激したのを覚えています。

　この中華包丁のように万能タイプの洋包丁が、牛刀とペティナイフであり、和包丁でいえば、三徳（さんとく）包丁、またの名を文化包丁といいます。

　一方、洋包丁のなかでも、パン切り包丁やスライスナイフはパンや薄肉のスライス専用です。そして、和包丁の出刃包丁、菜切り包丁、刺身包丁といえば、和食には欠かせない魚料理、野菜料理、刺身の専用包丁です。
　これらの専用包丁を図表2-2-1に当てはめれば、「QFD」、「TRIZ」、「標準化」、「コストバランス法」に相当するでしょう。キーワードは、「専用」です。

　ここでもう一度、図表2-2-1を見てください。図表の上部に「低コスト化の効果」という欄があり、以下、ここを解説します。

料理とは、段取り8割、調理で2割

です。

　包丁とは、料理全般を助ける万能タイプもありますが、段取りや料理の前工程で使われる道具です。また、「5＋2」種の低コスト化手法も商品開発の前工程で使われる道具です。
　ここで、前工程から終盤に向かって、それらの低コスト化効果が「大⇒中⇒小」となっていることに注目してください。

超低コスト化力
低コスト化手法は、開発の開始から終盤へ向かって、効果大⇒中⇒小となる。

第2章　低コスト化へのインフォームドコンセント

2-2-5. 設計の前工程ってどこ？ フロントローディングってどこ？

　筆者は、度々、「料理を設計、料理人を設計者」に例えて説明します。同じ職人同士なのでよく理解できるからです。

　　　　　　　　　　料理とは、段取り8割、調理で2割

設計もまったく同じです。
　　　　　　　　　設計とは 前工程が8割、後工程が2割

言い換えると、……
　　　　　　　　　設計とは 設計書が8割、製図が2割

さらに言い換えると、……
　　　　　　　　設計とは フロントローディング開発が8割、その後が2割

　さて、設計の前工程やフロントローディング開発の境目とはどこでしょうか？県境や国境のような厳格な境界はありません。
　ただし、商品開発の職人意識として、**図表2-2-2**に示す境界、つまり、設計審査終了までを設計の前工程やフロントローディング開発であると、当事務所ではクライアント企業に定義しています。

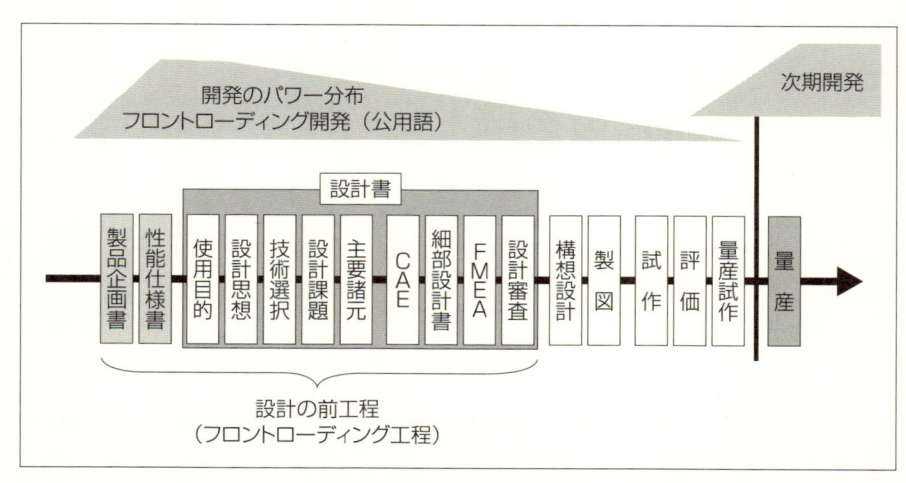

図表2-2-2　設計の前工程、フロントローディング開発の境界

2-3　Ⅰ：隣国が躍進したその訳は日本が捨てたVE手法

項目1-4-1で、「隣国の工業界が安さだけではなく、めきめきと高品質になってきた。どうしてでしょうか？」と記載しました。

経済誌や経済ニュースでは、日本企業における「経営判断の遅延」、一方、隣国の躍進理由を「迅速な経営判断」と記載していますが、隣国の巨大企業をクライアントに持ち、その設計/開発部に足を踏み入れている筆者として、それを感じたことはありません。

躍進した理由は、本来は日本製品の原点であったコストパフォーマンス[注]を追求した結果です。商品のコストパフォーマンス[注]を追求するためには、道具（開発手法）が必要なのです。

　　注：少ない費用（コスト）で高い成果（パフォーマンス）が得られる場合、「コストパフォーマンスが高い」と表現する。

先日、中国人技術者が言っていましたよ。中国企業は日本人技術者から教わった「VE」と呼ぶ開発手法を学び、商品開発に生かしていると。その結果、ハイアール社（Haier）のTV、冷蔵庫、電子レンジは生産量世界一となったらしいですよ。

ていしたもんだぁ。日本企業が捨てた「VE手法」を、日本人が中国で教え、中国企業が躍進かぁ。
なんか、複雑な思いだぜぃ！

中国企業の躍進は、冷蔵庫や電子レンジなどの家電品ばかりではありません。中国製のオートバイも、昔は品質が悪く、デザインも日本製を真似していましたが、あっという間に品質が日本製に追いつきました。

そこで、日本を代表するあのオートバイ企業は、その中国オートバイ企業を模倣デザインで訴訟することなく、仲間、つまり、傘下（さんか）のグループ企業へと組み入れてしまったのです。

相互にあっぱれですね。

超低コスト化力

隣国の工業界を躍進させた原動力は、日本企業が捨てたVE手法である。

第2章　低コスト化へのインフォームドコンセント

2-3-1. 米国生まれのVE手法

　VE（Value Engineering）とは、商品のライフサイクル[注]において、顧客が必要と認める機能を最も安く、しかも確実に達成する手法です。1947年米国GE社のL.D.マイルズ氏によって開発され、1960年頃に日本に導入されました。

　　注：新商品が市場に投入されてから、生産中止（生産終了）するまでの過程。人間にたとえると誕生から一生を終えるまでの過程。

　しかし、前項でも解説したように、企業規模を問わず、現在の日本企業ではほとんど使われていません。

$$V\ (Value) = \frac{効用}{経済的投資量}$$

$$= \frac{F\ (Function、機能評価値)}{C\ (Cost、コスト)}$$

$$= \frac{F}{C}$$

$$= 顧客満足$$

図表2-3-1　ここから始まるVEの難解な概念式

　VEを学ぶと必ず最初に頭を悩ませるのが、**図表2-3-1**の概念式です。いきなり、V＝F/Cと黒板に書いて、次へ進もうとする講師がいて、頭の回転が遅い筆者を何度も悩ませます。まず、バリュー（Value）って何なのかとつまずくわけです。

　そのようなとき、筆者は、ハンバーガーショップの「バリューセット」を連想することにしています。ハンバーガーだけ、フライドポテトだけ、ドリンクだけを個別に注文するよりも前者の3点セットを注文する「お得」というバリューセット。

　なるほど、図表2-3-1の「顧客満足」が理解できました。このときの「F」は、機能評価というよりも、食べ物なので、「満腹評価」や「味覚評価」、「C」は、コストというよりも値段、と考えれば難解な「F/C」も理解できます。

　筆者は、度々、「料理を設計、料理人を設計者」にたとえて説明します。ここでもその効果を発揮しました。

2-3-2. コストダウン手法とVE手法の違い

図表2-3-2は、一般的な低コスト化、つまり、コストダウン手法と、VE手法の概念の相違を表現しています。

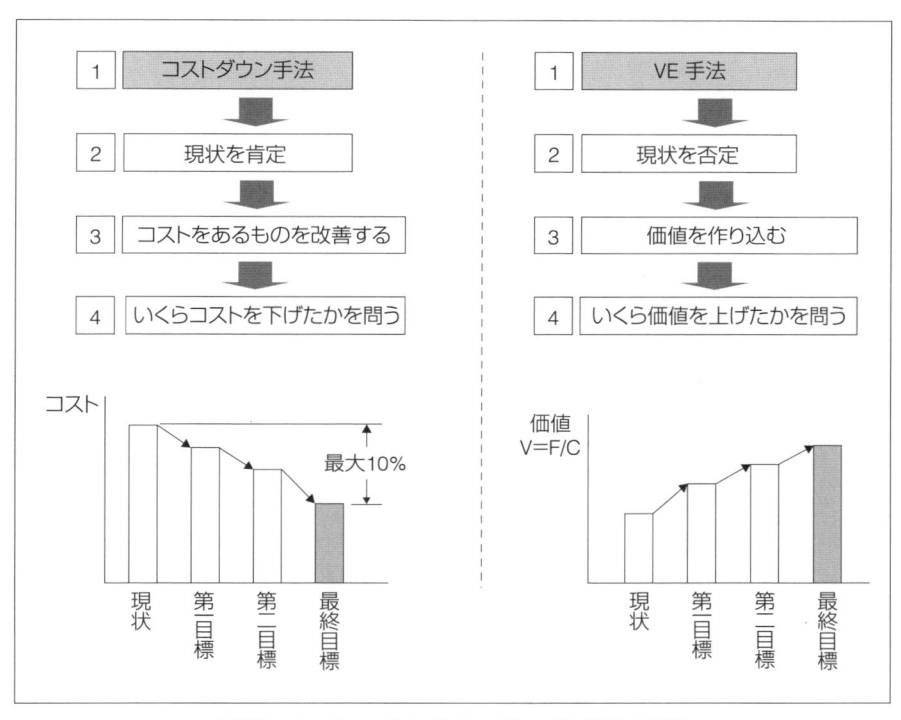

コストダウン手法
1. コストダウン手法
2. 現状を肯定
3. コストをあるものを改善する
4. いくらコストを下げたかを問う

コスト：最大10%（現状→第一目標→第二目標→最終目標）

VE手法
1. VE手法
2. 現状を否定
3. 価値を作り込む
4. いくら価値を上げたかを問う

価値 $V=F/C$：（現状→第一目標→第二目標→最終目標）

図表2-3-2 コストダウン手法とVE手法の相違

「一般的」と表現するコストダウン手法と比較して、あまりにも大きな違いが、VE手法の長所短所の根源となっています。

図表の左下を見てください。コストダウン手法とは、現状の10％ダウンが限度です。これは、低コスト化の専門家や経済学者の間でも「常識」になっています。この常識を知らない経営者やトップ層が、「20％ダウン、30％ダウン」や、はたまた、第1章の項目1-3-1で解説した「価格破壊は、自己破壊」へとつながっていきます。賢者は、この教訓を次のように表現しています。

> **超低コスト化力**
> **10％以上のコストダウンは、「大黒柱を削って、屋根が落ちる」に相当する。**

「コストダウン！コストダウン！」、「安くしろ！安くしろ！」と言われて、ついには、大工の禁じ手である「大黒柱」を細く、または寸足らずで家を建造したところ、ちょっとした地震や台風で重き瓦（かわら）を支えきれずに屋根が崩れ落ちたという教訓です。

　ここで、話をVEに戻します。
　もし、10％以上のコストと削減が必要な場合、コストダウン手法は無理で、VE手法を採用[注]することになります。
　　　注：他の手法は第3章で解説する。他の手法とは、モンテカルロシミュレーションとコストバランス法がある。

　それでは、その事例を紹介しましょう。

2-3-3. 事例：中部国際空港の大赤字を救った自動車企業の幹部

　どこの国でも、21世紀の空港とは重要な社会基盤として、大きな役割を担うと考えていました。わが国のその一つが、中部圏の新しい空の玄関となる中部国際空港です。
　しかし、2005年2月の開港を目指す中部国際空港が大幅な事業費の削減を求められていました。当初予算の7680億円に対する約16％の削減です。

　項目2-3-2の教訓を思い出してください。それは、「10％以上のコストダウンは大黒柱を削って屋根が落ちる」でした。したがって、16％の削減にコストダウン手法は無理で、VE手法を採用することになりました。
　建設業界の慣例では、予算の7680億円でも困難なのに、16％減は、「画期的、いや革命だ！」と皮肉を含めた関係者の発言もありました。

　そこで、「中部、愛知、VE」とくれば、低コストの専門家なら誰もが自動車のU社[注]を連想します。日本だけではなく、世界中でも有名です。
　　　注：U社の「U」は、任意に選んだアルファベットであり意味はない。
　案の定、中部国際空港㈱に日本を代表する自動車企業のU社取締役が社長に起用され、同、調達部長もU社出身者でした。

　つまり、U社流VEのプロたちが現場を仕切ったのです。
　それを踏まえ、二つの語録を紹介しましょう。

① U社のモノづくりは、機能を見て価格を設定し、それに合わせる努力をする。
② 原価企画と呼ばれるU社流VEは、部品や材料の価格を販売価格から逆算し、設計段階から徹底して切り詰める。

設計段階から徹底して切り詰める……項目2-2-2と項目2-2-3で解説した「フロントローディング開発」のことです。

超低コスト化力
低コスト化は、設計段階から徹底して切り詰めること。これまさしく、「フロントローディング開発」である。

注：本項に記載されるすべての事例は、本書のコンセプトである「若手技術者の育成」のための「フィクション」として理解してください。事実とは異なる部分があります。

2-3-4. 事例：デジカメからファインダーをなくした偉業

あなたのデジカメに、液晶モニターがついていると思いますが、その脇にファインダーがついていますか？

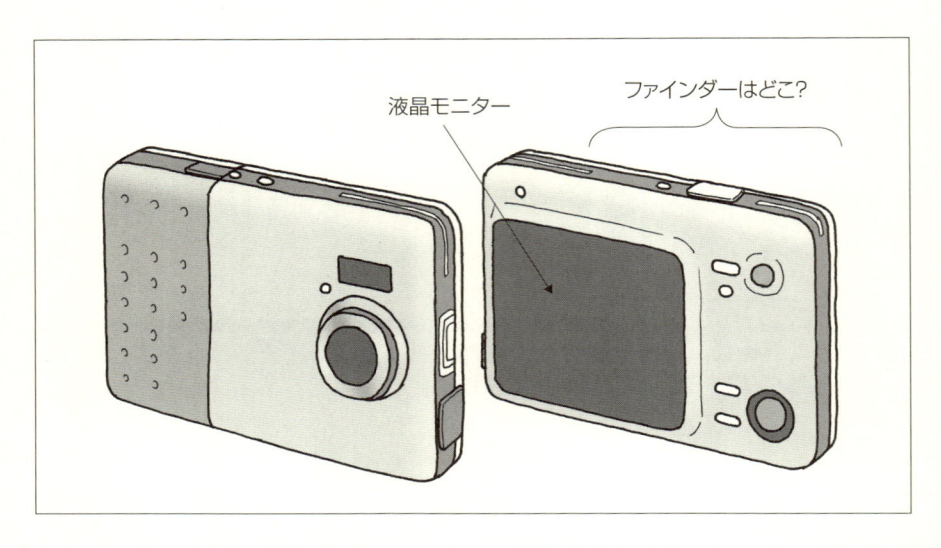

（図：液晶モニター／ファインダーはどこ？）

カメラといえば、老舗カメラメーカーの製品が当たり前でしたが、それがデジカメになると、電子機器や家電企業の参入が激しさを増していました。

前者の企業の製品は、常に黒一色でレンズは筐体（きょうたい）の中央に配置されていました。不恰好な黒い箱に取ってつけた煙突のようなレンズ。
一方、後者の電子機器や家電企業の製品は、シルバーをはじめ、パステルカラー、そしてレンズは、中央でなく端部に位置しています。全体がおしゃれで、ハンドバックにも容易に入ります。

仮に、女性を新たなターゲットとした場合、勝負はついたも同然です。

カメラの老舗メーカーであるD社[注]では、ある論争が巻き起こりました。従来の銀鉛フイルムカメラとは異なり、デジカメはカメラであるとともに、電子機器であり、実用性や機能性とともにデザイン性やカラー、さらには撮影以外の機能が付加する多用途性などが製品特性に加わっているのです。

注：D社の「D」は、任意に選んだアルファベットであり意味はない。

当然、顧客の要望に変化が生じます。つまり、……

カメラとしての基本性能はもちろんですが、他の要素も少なからず重視するようになってきたのです。何も考えなければ、日本企業が得意な「なんでもあり！」や、「客が望まない多機能化」となってしまいます。
　そこでD社では、デジカメの部品ひとつ一つのコストパフォーマンスの見直しが始まったのです。あるとき、見直す対象部品でファインダーにたどりつきました。

　べらんめぇ！
　ファインダーがねぇカメラなんかよぉ、そりゃオメェ、カメラじゃねぇだろがぁ、あん？そんなもんは、老舗の我が社としてはみっともねぇたらあ～りゃしねぇ～んだよ。

　いつまでも、頑固だなぁ、厳さん！
　被写体のアングルは、液晶モニターで見れば十分ですよ。

　しかし、D社長年の伝統は、ファインダーを取り除くことはもちろん、これまで使ったことのない色や、レンズを端部に配置するなどは、とても許しがたい発想だったのです。
　そこで、「デジカメの部品ひとつ一つのコストパフォーマンスの見直し」に使われた道具が、VE手法でした。言い換えると、「老舗カメラメーカーゆえの正当性と保守性」の打破に使われた道具がVE手法だったのです。

　その結果、ファインダーを取り、カラーバリエーションもこれまでのD社の商品とは異なり、4色から選べるようにまで具現化されました。ファインダーの削除は、デジカメメーカー初の仕業です。

　資金力と調査力に乏しい当事務所の調査では、日本企業で真剣にVEを育ててきた企業は、前述の自動車企業のU社と、本項で紹介したカメラとOA事務機器で有名なD社です。

　　注：本項に記載されるすべての事例は、本書のコンセプトである「若手技術者の育成」のための
　　　　「フィクション」として理解してください。事実とは異なる部分があります。

第2章　低コスト化へのインフォームドコンセント

ちょいと茶でも……

トラブルはトラブル三兄弟、経営は3Hが基本

　トラブルの未然防止のために、当事務所はクライアント企業を精力的に指導しています。その指標が、「トラブル三兄弟」です。

　軍需は別にして、家電品や自動車などの民需商品の場合、トラブルは以下のところに、なんと98％が潜在しているのです。

　その三兄弟とは、……

---
① 新規技術（新しい技術にはトラブルがつきもの）
② トレードオフ（設計品質の優先順位の入れ替えでトラブル発生）
③ ××変更（設計変更はトラブルの主要原因）

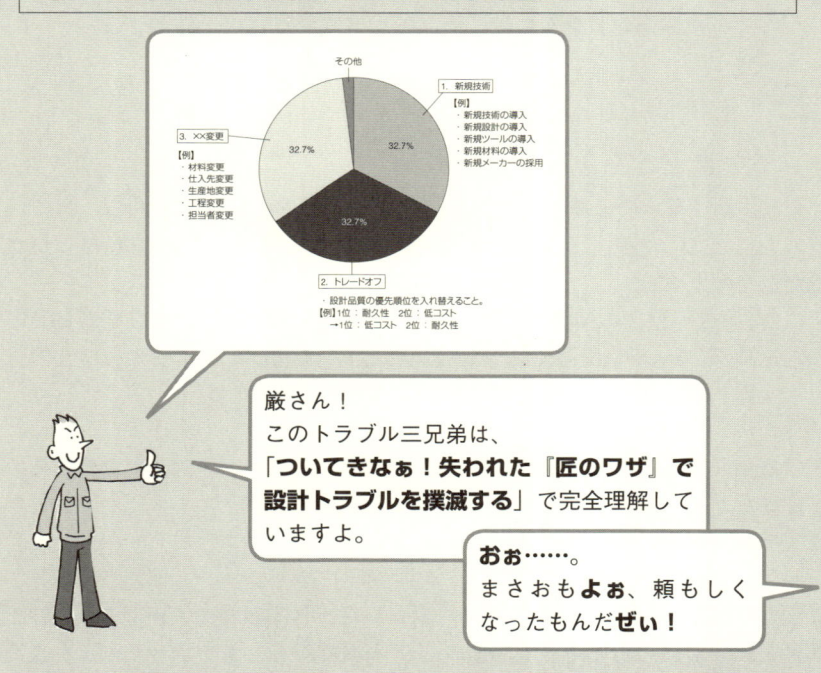

　　　　　　　　　　その他
　　　　　　　　　　　　　　1. 新規技術
　　　　　　　　　　　　　　【例】
3. ××変更　　32.7%　　32.7%　・新規技術の導入
【例】　　　　　　　　　　　　・新規設計の導入
・材料変更　　　　　　　　　　・新規ツールの導入
・仕入先変更　　　　　　　　　・新規材料の導入
・生産地変更　　　　　　　　　・新規メーカーの採用
・工程変更　　　32.7%
・担当者変更
　　　　　　　　2. トレードオフ
　　　　　　　　・設計品質の優先順位を入れ替えること。
　　　　　　　【例】1位：耐久性　2位：低コスト
　　　　　　　　　→1位：低コスト　2位：耐久性

> 厳さん！
> このトラブル三兄弟は、
> **「ついてきなぁ！失われた『匠のワザ』で設計トラブルを撲滅する」**で完全理解していますよ。

> おぉ……。
> まさおも**よぉ**、頼もしくなったもん**ぜぃ**！

　一方、日本を代表する大手自動車企業が、トラブル抽出の指標で「3H」を唱えています。その3Hとは、……

> ① 初めて　　（Hajimete）
> ② 久しぶり　（Hisashi-buri）
> ③ 変化点　　（Hennka-tenn）

　この自動車会社が、これら「3H」の要素を含む技術の採用に注意しなさいと、社内、および関連会社の技術者に呼びかけているそうです。
　残念ですが、設計工学から派生したトラブル三兄弟のうち、「トレードオフ」が存在していません。「トレードオフ」は、設計工学の重要な専門用語です。

　世界的な規模で発生したハイブリッド車の社告・リコールを例に取ると、「トレードオフ」が存在しない前述の「3H」では、おそらく、低速で滑りやすい条件下の道路でも、油圧ブレーキよりも回生ブレーキを優先し、追突事故が発生しても仕方がありません。

　また、「変化点」とは、……
　トラブル要因で捕らえるのではなく、顧客ニーズの「変化点」と捉えるべきです。
　したがって、変化点とは、経営上の用語です。顧客要望の変化、経済の変化、環境の変化など、経営上の重要な単語です。
　本書は、低コスト化をテーマにしていますが、トラブル撲滅と品質向上をテーマにした書籍は、……

① ついてきなぁ！失われた『匠のワザ』で設計トラブルを撲滅する
② ついてきなぁ！設計トラブル潰しに『匠の道具』を使え！

以上、二つの書籍で自己研鑽してください。

　　注意：本項に記載されるすべての事例は、本書のコンセプトである「技術者の育成」のための「フィクション」として理解してください。事実とは異なる部分があります。

2-4　Ⅱ：日本生まれのQFDで人気のデジカメを企画

　かつて、「安かろう、悪かろう」と国内はもちろん、世界中から非難された日本製品ですが、アメリカからQC手法[注]を導入し、メードインジャパンは高品質の代名詞となったことは、何度も説明してきました。
　注：この後の「ちょいと茶でも」で解説する。

　この立役者は、日本の生産技術者たちです。

　つまり、QC手法を実施していたのは生産技術や製造現場であり、新商品の設計が確定した後のことでした。言い換えると、QC手法は生産技術や製造現場では有効な手法ですが、開発部門には不向きであることが判明したのです。
　そこで、1960年代に赤尾洋二/水野滋の両氏が開発した道具（開発手法）が、QFD（Quality Function Deployment、品質機能展開）です。前述したように、QC手法が新製品の設計が確定したあとの行為であるのに対して、QFDは、設計段階から品質向上を考慮する方法論です。

　さて、デジカメの「変化点」を捉えたのは、前項で解説した老舗のカメラメーカーD社だけではありません。同じく老舗のS社[注]も同様でした。
　注：S社の「S」は、任意に選んだアルファベットであり意味はない。

　S社のデジカメも電子機器や家電企業のおしゃれなデジカメに押され、ジリ貧となっていました。とくに、コンパクトカメラが不調です。
　そこでこの企業は、当事務所にコンサルテーションを依頼してきたのです。
　S社は一部上場で、老舗のカメラメーカーにもかかわらず、企画書もなければ、設計書もありません。ISO9001は取得していても、設計審査もありません。

　いったい、ISO9001とは何でしょうか？

> **オイ、まさお！**
> そんなもん、やめ**ち**まぇ、やめ**ち**まぇ！

> **厳さん、シーッ！**
> まずいですよ、そのせりふ。
> 業界では禁句になっているんですよ！

企画書もないS社ですが、次期商品は、本社にいる営業部長と開発部に所在するデジカメ開発部長が電話で決めていました。

　その所要時間は、たったの30分！

　これは、開発のスピード化とは大きく異なります。スピード化ではなく、手抜きです。さらに、この30分で決めた次期デジカメに異議を唱える部下もいません。なるほど、これでは衰退の一途をたどるしかありません。
　デジカメという商品は、年に2回の商戦を向かえます。6月と12月です。つまり、ボーナス支給の月です。この商品開発のインターバルや、数回のヒアリングを繰り返し、S社の環境と体質にふさわしいライト級の開発手法として、筆者はQFDを選択しました。

2-4-1．事例：QFDによる新デジカメを企画する
　図表2-3-3は、当事務所のクライアント企業、つまり、前述のS社における新デジカメの企画に使用したQFDです。
　たった30分の電話による企画もどきや、「なんでもあり！」と客が望まない機能を盛りだくさんに詰め込む多機能化にストップをかけました。その実例です。

　その結果、新デジカメの「設計思想とその優先順位[注1]」は、以下のように決定しました。
　　注1：設計書作成の重要項目。商品を特徴付ける重要な設計品質。書籍「ついてきなぁ！『設計書ワザ』で勝負する技術者となれ！」を参照。

・優先第1位：電源の種類（アリカリ電池の使用可[注2]）
　　注2：当時は充電型の専用バッテリーよりも、市販のアルカリ電池の使用要求が強かった。
　　また、専用バッテリーとアルカリ電池の併用要求も強かった。

・優先第2位：質量（軽いこと）
・優先第3位：コンパクト（より小型）
・優先第3位：ブレ防止

　QFDの使用方法や分析方法は、次の項目で解説します。

【人気となるデジカメを企画/開発する】

061028 Rev.01 Y.Kunii

No.	デジカメ 要求項目	Q (重要度3段階単独)	C (重要度3段階単独)	D (重要度3段階単独)	E (重要度3段階単独)	Q*C*D*E	R(重し付け)を決定する	重しけ(重)	難しいランキング	画面調整	光学ズーム	メディアの種類	モニタサイズが大きい	電池種類（フレッシュ）	薄書(軽い)	防水機構あり	コンパクトサイズ	プレ防止	カラーバリエーション	VOC の重要項目の値	VOC のランキング
									1	2	3	4	5	6	7	8	9	10	11	—	—
1	使いやすい	2	2	2	1	8	1.0		4	3	3	1	5	4	5	2	5	4	2	38	
2	携帯性が良い	2	3	2	1	8	1.0		1	1	1	1	1	3	5	2	5	1	3	24	
3	長時間の使用に耐える	3	3	2	1	18	2.3	2	1	1	3	3	3	5	3	1	1	2	1	45	5
4	デザインが良い(かわいい)	1	2	2	1	4	0.5		1	1	1	1	1	1	1	1	1	1	5	13	
5	愛着が湧く	2	2	1	1	4	0.5		1	2	3	1	1	1	3	1	1	1	5	13	
6	パーティ、飲み会、同窓会で使用する	3	2	2	1	6	0.8		4	4	3	3	4	4	4	4	4	3	5	28	
7	夜間に使用(キャンプ、花火、盆踊り)	3	3	3	1	12	1.5	5	5	4	3	4	3	4	4	4	4	3	3	56	4
8	海辺やゴルフ場などの野外で使用	2	2	2	1	8	1.0		3	4	4	3	3	4	4	4	3	3	1	35	
9	ビジネスで使用。会議、サンプル品撮影	2	2	2	1	8	1.0		4	4	5	4	3	4	5	1	4	3	2	34	
10	片手で操作できる。軽い	2	2	1	1	4	0.5		1	1	1	1	2	5	5	4	5	1	3	14	
11	充電が容易	2	3	1	1	6	0.8		1	1	1	3	3	5	3	3	4	1	3	14	
12	写真印刷が容易	2	2	2	1	8	1.0		4	4	4	3	3	4	4	3	3	4	2	20	
13	シャッターチャンスに強い	3	3	2	1	18	2.3	2	5	3	3	2	3	4	4	4	2	3	3	83	2
14	落としても壊れ難い	3	3	3	1	27	3.4	1	1	3	2	2	2	5	4	5	1	3	3	98	1
15	写し頂ぐに皆で見られる	3	3	2	1	12	1.5	5	2	2	2	5	5	4	2	4	2	2	2	44	
16	失敗が少ない(ブレ/ボケ)	3	3	2	1	18	2.3	2	5	5	3	2	4	2	2	2	3	5	3	77	3
17	各種の操作が簡単	2	2	2	1	8	1.0		4	4	4	3	3	3	2	1	2	3	2	17	
18	画質が良い	2	2	2	1	8	1.0		4	4	3	3	3	3	4	3	3	2	2	30	
	デジカメ品質候補の合計								58	63	62	46	64	72	70	28	68	68	53		
	デジカメ品質候補のランキング											5		1	2		3	3			

図表2-3-3 新デジカメを企画するためのQFD

2-4-2. 事例：QFDによるポスタータイトルの決定

図表2-3-4は、当事務所のクライアント企業における「第3回 技術成果発表大会（例）」のテーマです。ポスターのタイトルでもあります。専門的なデジカメでなく、万人が理解できるポスタータイトルの決定でQFDを解説しましょう。

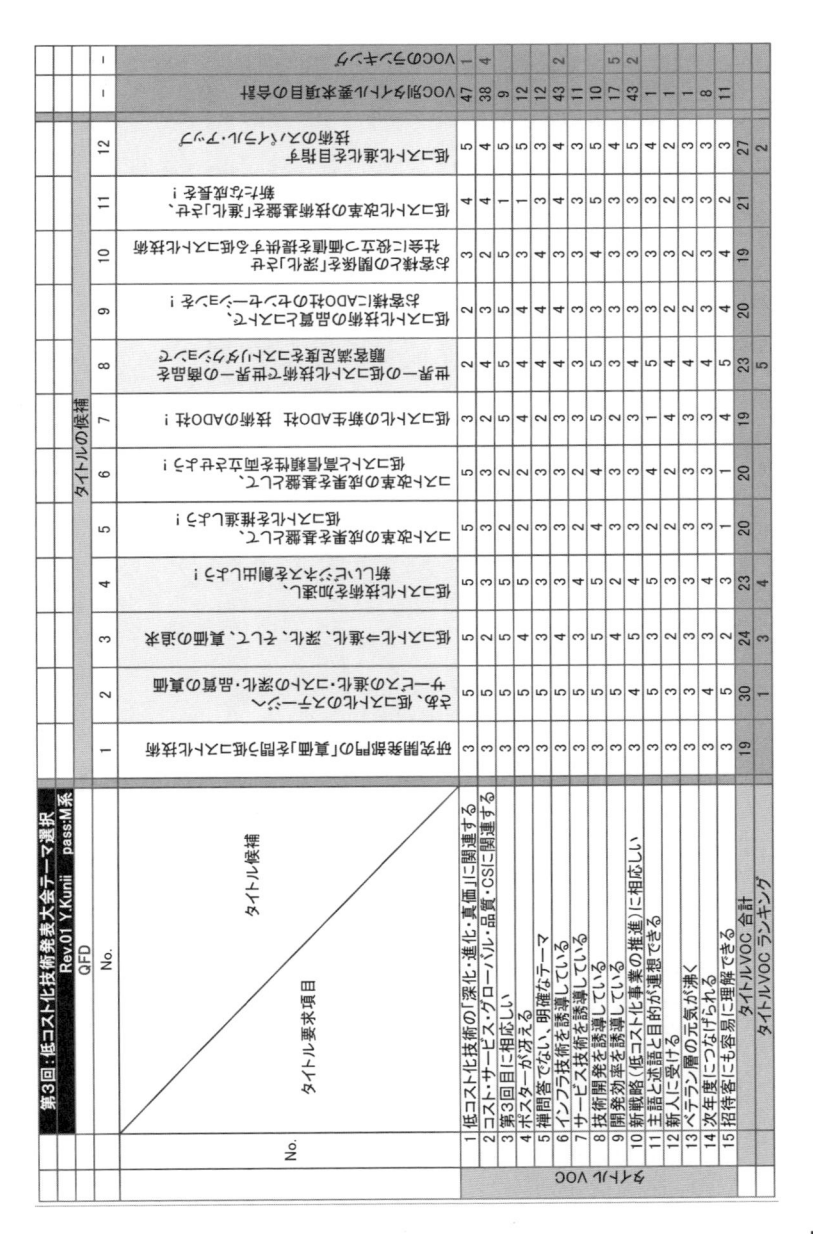

第3回 低コスト化技術発表大会テーマ選択 Rev.01 Y.Kunii pass:M系 QFD		タイトル候補												VOC別タイトル要求項目の合計	VOCランキング
No.	タイトル要求項目	1 低コスト化技術の「真髄」を追う低コスト化技術	2 高い低コスト化のテーマ・コスト化の進化・品質向上	3 低コスト化、進化、そして、革新の追求	4 新しい低コスト技術を発掘しよう！	5 低コスト化の新事業機器として、低コストを発揮しよう！	6 低コスト化の新事業機器として、コスト化の最新技術を見せよう！	7 低コスト化の新事業ADO社 技術のADO社！	8 世界一の低コスト化技術者で業界一の影響を顧客満足度調査でパスクリア	9 お客様とCADD社の品質とコストマンションを！	10 お客様との関係を「深化」、そして低コスト化技術	11 低コスト化技術の技術機器を「進化」させ、新たな発想を！	12 低コスト化を進化させ持続のコストパラダイム・アップ		
1	低コスト化技術の深化・進化・真価に関連する	3	5	2	5	5	5	3	2	2	3	4	5	47	1
2	コストサービス・グローバル・品質・CSIに関連する	3	5	5	3	3	3	2	4	2	5	4	4	38	4
3	第3回に相応しい	3	5	5	5	2	2	1	4	4	4	1	5	9	9
4	ポスターが映える	3	5	4	5	3	3	2	4	4	5	3	5	12	5
5	禅問答でない、明確なテーマ	3	5	4	4	2	2	3	4	4	4	1	4	12	5
6	インフラ技術を誘導している	3	5	5	5	3	3	3	5	4	5	3	5	43	2
7	サービス技術を誘導している	3	3	4	4	3	3	2	4	3	4	1	4	5	10
8	技術開発を誘導している	3	4	5	4	3	3	1	4	3	4	2	5	17	5
9	開発効率（低コスト化事業の推進）に相応しい	3	4	2	4	3	3	2	4	4	4	2	3	43	2
10	主語と述語と目的が連想できる	3	3	4	5	3	3	4	5	4	4	3	3	1	11
11	新人に受ける	3	3	3	5	1	1	2	4	4	4	4	3	1	11
12	ベテラン層の元気が沸く	3	3	2	4	3	3	3	4	4	4	2	3	8	7
13	次年度につなげられる	3	4	2	5	1	1	4	5	4	4	2	3	11	5
14	招待客にも即に理解できる	3	4	3	4	3	3	4	5	4	4	2	3		
	タイトルVOC 合計	19	30	24	23	20	20	19	23	20	19	21	27		
	タイトルVOC ランキング		1	3	4				5				2		

図表2-3-4 技術成果発表大会のテーマ選定とポスタータイトル選定

第2章 低コスト化へのインフォームドコンセント

【図表2-3-4：QFD作成の手順】

① **縦欄（タイトル要求項目）**：タイトルを決定づけるための指標。例えば、一般企業における業務査定の評価項目に相当する。

② **横欄（タイトル候補）**：メンバーから最適と思われるタイトルのアイデアを募る。ただし、一番左（No.1）には、ダミーを置く。図表4-2-1では、「研究開発部門の真価を問う低コスト化技術」をダミーとした。

③ **ダミーはオール3**：前述のダミーの欄における関連評価は、「オール3」にする。

④ **関連評価（1）**：タイトルNo.2からNo.12まで、横欄のタイトル候補と、縦欄のタイトル要求項目の関連（相関関係）を評価する。評価点は、1から5まであり、数値が大きいほど、関連性が強い。

⑤ **関連評価（2）**：各タイトル要求項目に関する評価の仕方は、前述③で解説したダミーより、上と判断した場合は、4もしくは5を、下と判断した場合は、2もしくは1を、同等ならば3を選択する。

⑥ **関連評価（3）**：メンバーのひとり一人が、次から次へと評価を実行する。このとき、一評価に疑問があれば、「異議あり！」と発言し、メンバー全員の共有が得られるまで議論する。

⑦ **見直しと修正**：すべての評価が終了したら、メンバー全員でもう一度各評価を見直し、必要ならば修正を施す。

⑧ **タイトルの決定**：エクセルに仕込まれたソフトウェアにより、最下段にタイトルのランキングが1位から5位まで表示される。1位のタイトルを採用することが望ましいが、場合によっては2位を選択する場合もあり得る。
　　メンバー全員のコンセンサス[注]を得る必要がある。
　　注：第2章の項目2-1を参照

⑨ **要求項目の確認**：エクセルに仕込まれたソフトウェアにより、最右欄にタイトルを決定づけた要求項目のランキングが1位から5位まで表示される。1位から3位ぐらいは、確認しておきたい。

図表2-3-3と図表2-3-4が見づらい場合や、QFDソフトを入手したい場合は、下記のURLにアクセスしてください。

```
【URL】       http://a - design - office.com/somesoft.html
【ソフト名】    No.26：超低コスト化の各種手法
【パスワード】  costbalance_mbclk
```

2-4-3. 簡易QFDでトライアル！

図表2-3-5は、筆者が推奨するQFDの簡易バージョンです。

前項目では、「メンバー」という単語が数箇所に記載されていましたが、QFDは、グループメンバーで使用する手法です。しかし、技術成果発表大会におけるあなたの発表タイトルや、技術論文や技術資料などは一人で決める場合も多いので、まずは、図表2-3-5の簡易QFDででトライアルしてみましょう。

この簡易QFDも、前述のURLからダウンロードしてください。

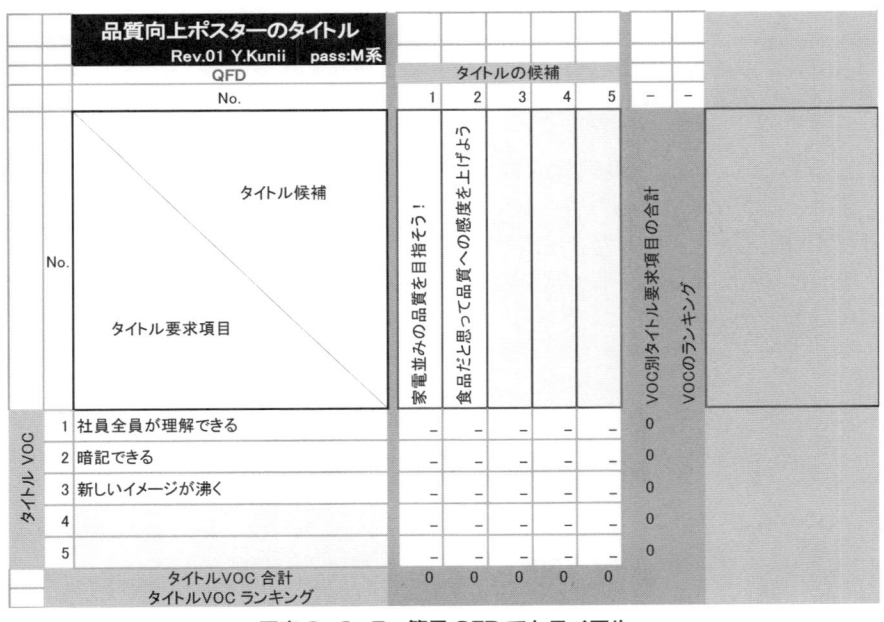

			タイトルの候補					
	QFD		1	2	3	4	5	–	–
	No.	タイトル候補／タイトル要求項目	家電並みの品質を目指そう！	食品だと思って品質への感度を上げよう				VOC別タイトル要求項目の合計	VOCのランキング
タイトルVOC	1	社員全員が理解できる	–	–	–	–	–	0	
	2	暗記できる	–	–	–	–	–	0	
	3	新しいイメージが沸く	–	–	–	–	–	0	
	4		–	–	–	–	–	0	
	5		–	–	–	–	–	0	
		タイトルVOC 合計／タイトルVOC ランキング	0	0	0	0	0		

品質向上ポスターのタイトル　Rev.01 Y.Kunii　pass:M系

図表2-3-5　簡易QFDでトライアル

第2章　低コスト化へのインフォームドコンセント

QFD？……面倒くさい！こんな手法を使わずに、感性やアンケートによる多数決の方が手っ取り早い！

このように思った瞬間に「負け組」の始まりです。その理由は以下の通りです。

感性やアンケートによる多数決は、……
① どうして決定したかの理由を、上司や関係者に説明できない。
② 決定した内容が成功した場合、何が良くて成功したかが不明。次の機会へと継続できない。
③ 失敗した場合、何故、失敗したのか反省ができない。次の機会にフィードバックできない。

これらの不具合に対して、QFDによる決定は、理由を関係者に容易に説明できます。また、成功でも失敗でも、QFD内の要求項目の関連（相関関係）を反省し、要求項目自体の見直しをかけることで、一層の成功や失敗のレビュー（review）が実施できます。

> **超低コスト化力**
> 感性や多数決とは異なり、QFDはレビューができ、進化するための道具（開発手法）となる。

世の中には、非常に複雑なQFDも存在します。

筆者は聡明な頭脳を持ち合わせていませんので、それらを使用するどころか、理解すらできませんでした。皮肉ではありません。正直な話です。

筆者は学者ではなく、埼玉県川口市に在住する設計職人です。したがって、複雑なQFDをお好みの方は、そちらへ移行してください。

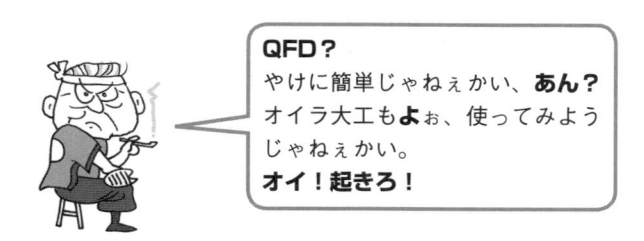

QFD？
やけに簡単じゃねぇかい、**あん？**
オイラ大工も**よ**ぉ、使ってみようじゃねぇかい。
オイ！起きろ！

Zzzz……

ちょいと茶でも……

QC手法の誕生

　QC手法というよりも、最近はTQM（Total Quality Management）と呼ぶ管理手法ですが、言葉の定義に厳しい方々からの非難を覚悟に、本書では「QC手法」に統一しています。

　かつて、「安かろう、悪かろう」と世界中から非難された日本製品を、品質に関しては世界のトップレベルに引き上げたのがQC手法と言っても過言ではありません。

　本来の経営の基本姿勢は、トップダウン方式と呼ばれています。その名の通り、経営とは全体を見渡せる経営層からの発信であり、単なる提案ではなく、業務命令や指示で全体統制をとることができます。しかし、現場のやる気がなければ、単なる呟きにしかなりません。

　そこで誕生したのがQC手法です。その特徴はボトムアップ方式。前述の「トップ」に対する「ボトム」です。これは、経営を下層現場からの提案の発信で、モチベーションの向上を狙った経営手法です。

QC手法と新人教育

　多くの企業における新人技術者が、その研修中に習うのが「QC手法」です。これは、技術者の基本です。

　QC手法（Quality Control）とは、JIS Z8101によれば、「買手の要求に合った品質の品物又は、サービスを経済的に作り出すための手段の体系」と定義されていますが、ちょっと難解です。

　QC手法とは、顧客第一主義に基づく企業の改善活動です。

　例えば、顧客クレームのトラブルを「問題解決のためのQC7つ道具」と呼ぶ手法を使用した「科学的思考」のもとに分析することを推奨しています。とは言っても、次に示す7つ道具を使って分析すればよいのです。

① パレート図　②ヒストグラム　③ 管理図　④ 散布図
⑤ 特性要因図　⑥ チェックシート　⑦ 層別

　通常、ここで「QC7つ道具」の詳細な解説に入るのですが、今やWeb上では無料でやさしく解説しているサイトが、どれを選んでよいか迷うほど存在しています。したがって、QC7つ道具の知識は、Web検索をしてください。

　QC手法を唱えるにあたって、もっとも排除したいことは、勘と度胸と経験だけの判断です。前述「7つ道具」を用いた分析をしてから判断しましょうということです。技術者の基本姿勢です。

　QC手法にもう一つ、特徴的なものがあります。
　それは、**図表2-3-6**に示す有名な「PDCA（ピーデーシーエーと呼ぶ）」という概念です。
　PDCAに沿って物事を進め、そして、PDCAを繰り返しながらスパイラルアップ（邁進する）していくというものです。1960年代の日本製品の品質が大きく向上したことに貢献しました。

Plan：計画
Do：実施／実行
Check：チェック／確認
Action：改善／処置

図表2-3-6　PDCAの概念

その後のQC手法

　以上のように活躍したQC手法ですが、その後、衰退の一途をたどることになります。その原因は、QC手法最盛期に誕生した「QCオタク」の存在です。QCがすべて、QCを中心に地球が回っている、QCは企業のバイブルと主張する人々が各企業で出現しました。彼らがQC手法を生産現場へ導入し、さらなる推進をあおったのですが、今や、その現場から捨てられたのです。

　QC手法による経営はボトム、つまり、下層現場からの提案の発信を主体としていますので、QC最盛期の間、トップ層は危機感もなく、向学意欲もなく、ゴルフ三昧の酒宴三昧でした。そのツケが今の日本企業で露呈したのです。
　かつて、QCが盛んだった企業ほどリーダー不在、そして、衰退しています。その企業名はここに記述しなくても、あまりにも有名な日本を代表する、いや、代表していたあの企業、その企業、この企業です。
　筆者は、隣国の巨大企業をクライアントにしていますが、いまだかつて、QCという単語をその企業で聞いたことがありません。
　それもそのはず、今や隣国をはじめ世界の企業で求められる人材は、強いトップ層の存在なのです。

QC手法に関する誤解

　隣国の製品が高品質であり低価格となった今は、死語になりつつある「QC手法」ですが、筆者は技術者の基本中の基本と理解しています。
　ただ残念なことに、世の中にはQCオタクがいて、この人々が「主役」として伝授したために、重き手法は現場で嫌われる状況になってしまいました。しかし、「主役」ではなく「脇役」として指導してきたQC手法は、逆に成功しています。また、現在も根づいています。「すべてはQC手法」という指導者は、避けた方が無難な時代です。

　繰り返しますが、QC手法は技術者の基本中の基本です。したがって、QC手法だけで競合に追いつき、追い抜くことはできない時代になりましたが、手を抜けばどん底に落ちます。

> **QC手法**ねぇ……
> オイラが若**け**ぇときには**よ**ぉ、ずいぶんと流行っていたが**よ**ぉ、
> 最近はちょいと見なく**な**っちまった**ぜい**……。

> 厳さん！
> でも、技術者の基本中の基本なんでしょ？

2-5　Ⅲ：日本生まれの品質工学で人気のデジカメを再企画

　品質工学というと、実験屋さんが使用する手法だと思っていませんか？
　それはカラス口（くち）で図面を描く場合や、流行の音楽を聴きたいとき、友人に「LPレコードを貸してくれる？　カセットに入れたいから」と言う場合や、携帯電話を自衛隊の肩掛け無線機のようなものを思い浮かべるのと同じです。

　時代遅れ……。

　品質工学とは、田口玄一博士によって開発された、技術を最適化するための開発手法です。この手法は1980年、ベル電話研究所の半導体開発による成功で一躍名声を上げ、世界的に「タグチメソッド」と呼ばれるようになりました。品質工学と言えば、「パラメータ設計」と言われるくらい、パラメータの最適化で使用されることで有名です。

　パラメータの設計とは、……
　例えば、燃費で勝負のEV（電気自動車）やHV（ハイブリッド自動車）に対抗して、国内の中堅自動車企業が、ガソリンエンジンのさらなる効率化で低燃費車を開発しました。
　エンジンの効率化には、……
　　①　ガソリンと空気の混合比
　　②　燃料の噴射圧力

③ 発火タイミング
④ 発火エネルギ
⑤ 燃焼室の形状
⑥ ピストンの形状と慣性モーメント
⑦ 冷却効率

　など、非常に多くの要因（パラメータ）を、ある最適値に向けてセンサとコンピュータで制御する必要があります。その最適値を実験室で探索するためには、莫大な実験データが必要であり、パラメータ数の増加とともに、指数関数的な実験数が求められるのです。しかし、それを品質工学が単純化してくれるのです。
　今や、パラメータを扱う技術者にとって、品質工学なしに成果は得られません。

　ここまでが、品質工学を解説するかつてのセンテンスでした。しかし、現在は、この解説文に「低コスト化」が加わっています。

　ここで、図表2-2-1における品質工学の広域性を認識しておきましょう。

	企画仕様	設計思想パラメータ設計	細部設計	図面	試作
低コスト化の効果	大	大	中	小	小
VE		Zero Look VE	1st Look VE	2nd Look VE	
QFD	QFD				
品質工学		品質工学	品質工学	品質工学	
TRIZ		TRIZ	TRIZ		
標準化			標準化	標準化	
モンテカルロシミュレーション	モンテカルロシミュレーション	モンテカルロシミュレーション	モンテカルロシミュレーション		
コストバランス		コストバランス	コストバランス	コストバランス	

厳さん！
図表2-2-1ってこれですよね！

おぉ……。
あんがとよぉ。しっかし、いつも小さくて見えねぇんだよなぁ！

> **超低コスト化力**
>
> 品質工学とは、最適なパラメータ設計、および、最適な低コスト化のための開発手法である。

2-5-1. 事例：品質工学による新デジカメの再企画

当事務所のクライアント企業である老舗カメラメーカーのS社……。

S社のデジカメも電子機器や家電企業のおしゃれなデジカメに押され、ジリ貧となっていました。とくに、コンパクトカメラが不調です。それを奪回するために前項ではQFDの導入実例を解説しました。

その結果、以下に示す「設計思想とその優先順位」を得たのです。下記は、項目2-4-1の再掲載です。

・優先第1位：電源種類（アリカリ電池の使用可[注]）
　　注：当時は充電型の専用バッテリーよりも、市販のアルカリ電池の使用要求が強かった。また、専用バッテリーとアルカリ電池の併用要求も強かった。

・優先第2位：質量（軽いこと）
・優先第3位：コンパクト（より小型）
・優先第3位：ブレ防止

これで一気に企画書作成が開始できると思ったのも束の間、営業部長が不満を述べたのです。「そんなはずはない！」と。技術者も営業マンも、中高年になってくると、自分が理解できない考え方や組織や仕組みに出会うと、理解しようとする努力よりも拒絶もしくは排除する思考に変化していきます。

あまりにも頑固な営業部長でしたので、筆者としてもしかたなく、別の開発手法を使用することにしました。それが、本項の品質工学です。

KKドットコム（仮称）と呼ばれる有名な価格サイトがあります。ある商品の最低価格と、それを販売しているインターネット上のショップを紹介してくれます。**図表2-5-1**は、20××年10月17日におけるKKドットコムで検索したデジカメの人気機種のランキング[注]です。　　注：ただし、ソート前のデータである。

ランキング	お気に入りリスト	メーカー	製品名	最安	掘出	タイプ	画素	素子	光学	デジ	メディア	フォーマット	動画	モニタ	焦点	高感度	電池	撮影	枚数	手	Pict
141位	8	HITACHI	i.mega HDC-PRM	8,280	10位	コンパクト	315万画素	CMOS			4倍 (内蔵32MB)	JPEG		1.5型	44mm		単4		75g	80枚	
180位	6	AVOX	EXEMODE 300E	8,434	4位	コンパクト	300万画素	CMOS			4倍 (内蔵16MB)	JPEG		1.5型 (6.7万画素)			単4		82g		
254位	2	KFE	EXEMODE DC310	8,580	4位	コンパクト	500万画素	CMOS			4倍 (内蔵16MB)	JPEG	有	1.5型	45mm		単4		100g	80枚	
232位	0	fuze	DC2517	9,450	1位	コンパクト					3倍 (内蔵32MB)		有	1.5型			単4		82g		
229位	2	KFE	EXEMODE DC2516	9,680	6位	コンパクト	500万画素	CMOS			4倍 (内蔵22MB)	JPEG	有	1.5型	43mm		単3		107g	140枚	
184位	11	FUJIFILM	Q1 DIGITAL	9,980	1位	コンパクト	400万画素	CCD			4倍 (内蔵16MB)	JPEG	有	1.5型 (12万画素)	46mm		単3		110g	100枚	
70位	60	FUJIFILM	FinePix A500	12,285	49位	コンパクト	512万画素	CCD	3倍		5.2倍 (内蔵2MB)	JPEG	有	1.8型 (7.7万画素)	38mm~ 114mm		単3		126g	400枚	有
204位	5	SANYO	Xacti DSC-S3	12,500	1位	スタンダード	320万画素	CCD			SD (内蔵16MB)		有	1.8型	37mm~ 112mm		リチウム		140g	83枚	
307位	1	KFE	EXEMODE DC552	12,680	2位	コンパクト	500万画素	CMOS			SD			2型	39.5mm		単3		95g	130枚	
319位	203	FUJIFILM	FinePix A345	12,600	1位	コンパクト	410万画素	CCD	3倍		4倍 (内蔵6MB)	JPEG	有	1.5型 (11.5万画素)	35mm~ 105mm		単3		132g	290枚	有

ランキング	お気に入りリスト	メーカー	製品名	最安	掘出	タイプ	画素	素子	光学	デジ	メディア	フォーマット	動画	モニタ	焦点	高感度	電池	撮影	枚数	手	Pict
69位	40	NIKON	COOLPIX L3	13,980	35位	コンパクト	510万画素	CCD	3倍		SD (内蔵16MB)	JPEG	有	2型 (8.5万画素)	38mm~ 116mm		単3		120g	630枚	有
181位	12	蓮備☆ニコニオン	UDC-5M	13,980	1位	スタンダード	500万画素	CCD	3倍		SD MMC			2.5型 (11.5万画素)	58mm~ 174mm		単3		123g	300枚	
262位	99	SANYO	Xacti DSC-S4	14,000	1位	コンパクト	400万画素	CCD	2.8倍		SD (内蔵6MB)	JPEG	有	1.8型 (8.5万画素)	37mm~ 105mm		リチウム		140g	61枚	
224位	2	HITACHI	i.mega HDC-502	14,229	5位	コンパクト	500万画素	CCD	3倍		4倍 (内蔵16MB)	JPEG	有	2型 (15.4万画素)	42mm		単3		85g	120枚	有
156位	140	CANON	PowerShot A430	14,700	2位	コンパクト	400万画素	CCD	4倍		SD (内蔵16MB)	JPEG	有	1.8型 (7.7万画素)	39mm~ 156mm		単3		160g	360枚	有
43位	102	CANON	PowerShot A530	15,200	47位	コンパクト	500万画素	CCD	4倍		SD (内蔵16MB)	JPEG	有	1.8型 (7.7万画素)	35mm~ 140mm	有	単3		170g	360枚	有
295位	3	KFE	EXEMODE DC651	15,540	1位	コンパクト	500万画素	CMOS			4倍 (内蔵32MB)	JPEG	有	2.5型	38mm~ 114mm		単4		87g	130枚	
53位	50	OLYMPUS	CAMEDIA FE-180	15,720	35位	コンパクト	600万画素	CCD	3倍		xD	JPEG	有	2.5型 (11.5万画素)	38mm~ 105mm		専用電池		120g	500枚	有
225位	15	FUJIFILM	FinePix A350	15,750	5位	コンパクト	520万画素	CCD	3倍		xD	JPEG	有	1.7型	35mm~ 105mm		単3		132g	290枚	有
110位	41	OLYMPUS	CAMEDIA FE-150	15,960	22位	コンパクト	500万画素	CCD	3倍		4倍 (内蔵7MB)	JPEG	有	2.5型 (23万画素)	36mm		専用電池		125g		有

図表 2-5-1 KK ドットコムにおけるデジカメの人気ランキング（ソート前）

図表2-5-1は、中身が読めなくても大丈夫です。デジカメのランキングが左側の欄に記入されているなという認識だけしてください。中身は、この後に別の図表で理解します。

さて、この図表2-5-1には、913機種のデジカメが存在していました。S社が求めているのはコンパクトデジカメですので、下式を考慮して229機種のデジカメに絞りました。そのランキングが、**図表2-5-2**です。

(913機種) − (デジタル一眼レフ) − (ランキング無し) = 229機種

順位	メーカ	機種名	最安値	タイプ	画素	光学ZM	メディア	モニタ	高感度	電池	重量
1	CANON	IXY DIGITAL 900 IS	38,787	コンパクト	710	3.8倍	SD	2.5型	有	専用	150g
2	CANON	IXY DIGITAL 800 IS	30,786	コンパクト	600	4倍	SD	2.5型	有	専用	165g
3	FUJIFILM	FinePix F30	27,800	コンパクト	630	3倍	xD	2.5型	有	専用	155g
5	PANASONIC	LUMIX DMC-FX07	29,715	コンパクト	720	3.6倍	SD	2.5型	有	専用	132g
8	SONY	サイバーショット DSC-T10	27,710	コンパクト	720	3倍	MSDuo	2.5型	有	専用	140g
途中省略											
315	CASIO	EXILIM ZOOM EX-Z110	23,100	コンパクト	600	3倍	SD	2型		単3	136g
318	OLYMPUS	μ DIGITAL 600	23,800	コンパクト	600	3倍	xD	2.5型	有	専用	129g
319	FUJIFILM	FinePix A345	12,800	コンパクト	410	3倍	xD	1.7型		単3	132g
330	SANYO	DSC-R1	89,627	コンパクト	125	1倍	CF	1.5型		単3	180g
386	CANON	PowerShot A520	17,800	コンパクト	400	4倍	SD	1.8型		単3	180g

図表2-5-2 コンパクトデジカメの人気ランキング(229機種、一部省略)

それでは、ここであなたに問います。
図表2-5-2のデータから、S社が望む次期新型コンパクトデジカメの企画を練ってください。
図表2-5-2の上段には左から順に、……

> ① 最安値(最も安い売値[注]、ストリートプライス[注]) 注:項目1-5を復習。
> ② 画素数
> ③ 光学ズーム
> ④ 記録メディアの種類
> ⑤ 液晶モニタサイズ
> ⑥ 高感度
> ⑦ 電池の種類
> ⑧ 重量(質量)

以上8項目の設計品質が並んでいます。

これらの設計品質に関して、何が優勢で人気順位なのかが分析困難ですね。

ブランド力（メーカー名）を除いて、これらの8項目をジッと睨んで、人気のデジカメを企画するとき、かつてのS社はすべての設計品質を盛り込んできたのです。

これがS社だけではない、開発手法を有していない日本企業の特徴です。「なんでもあり！」や客が望まない「多機能商品」を生み続けた第一要因です。

そこで必要なのが道具、つまり、開発手法です。本項では、品質工学を使用してみましょう。

うわっ、すごい！
どうやって、ランキングすればいいのかな？

確かに**こりゃ**、すげぇー！
オレサマにもわからねぇってきたもんだ。

第2章　低コスト化へのインフォームドコンセント　　73

2-5-2. 事例：品質工学による分析：第一ステップ

図表2-5-3は、20××年10月17日におけるKKドットコム（仮称）で検索したコンパクトデジカメの人気機種のランキング、その人気の分析です。

品質工学では、独特の用語が盛りだくさんに存在します。その一つが「水準」や「因子」や「直交表」などです。本項は、品質工学の解説書ではないので、品質工学独特の用語解説は省略します。

あなたがもし、品質工学が初めての場合、本項の結果だけを理解してください。本書のコンセプトからはそれで十分です。

図表2-5-3は、KKドットコム上の販売価格を「3水準」に振りました。通常、低コスト化活動ではコスト（原価）を求めますが、ここでは、売値をデジカメ人気の因子と考え、最安値の売値を分析値として使用しています。

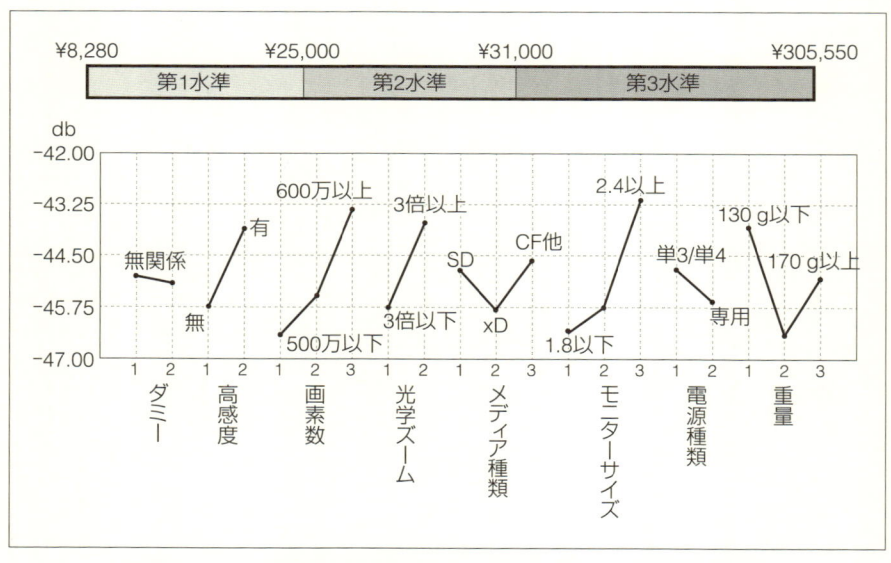

図表2-5-3　品質工学による人気ランキングの分析（第一ステップ）

図表2-5-3で判明したことは、まず、売値を因子から外した場合、売れるコンパクトデジカメの設計品質に関する優先順位は、……

① 　モニタサイズ：2.4インチ以上
② 　画素数：600万画素以上

③ 光学ズーム：3倍以上
　　④ 高感度：有

以上の順位となります。また、設計品質の優先順位から外してよい因子は、……
　　⑤ 記録メディア：SD、xD、CFのどれでもよい
　　⑥ 電源種類：単3/単4、専用バッテリーのどれでもよい
　　⑦ 重量：130 g ～ 170 gの範囲内でよい

であることが判明しました。

2-5-3. 事例：品質工学による分析：第二ステップ

　第二ステップとして、「重量：130 g ～ 170 gの範囲内でよい」の因子を「3水準」に振り、売値の人気ランキングに対する寄与を求めます。

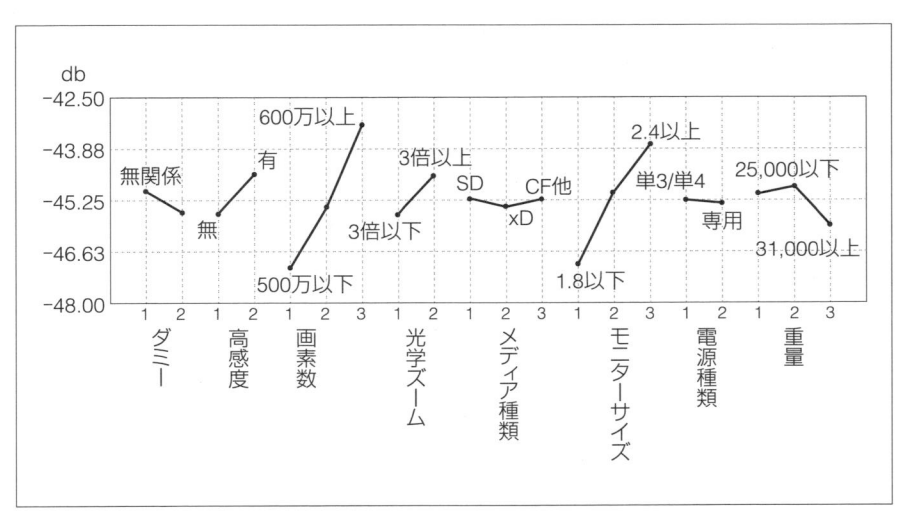

図表2-5-4　品質工学による人気ランキングの分析（第二ステップ）

　図表2-5-4で判明したことは、重量を因子から外した場合、売れるコンパクトデジカメの設計品質に関する優先順位は、……
① 　画素数：600万画素以上
② 　モニタサイズ：2.4インチ以上

第2章　低コスト化へのインフォームドコンセント

③　光学ズーム：3倍以上
　　　④　高感度：有

以上の順位となります。また、設計品質の優先順位から外してよい因子は、……
　　　⑤　記録メディア：SD、xD、CFのどれでもよい
　　　⑥　電源種類：単3/単4、専用バッテリーのどれでもよい
　　　⑦　売値：25000円～31000円の範囲内でよい

であることが判明しました

2-5-4．事例：品質工学による分析の結論

　第一ステップと第二ステップで、一部に優先順位が変わっていますが、筆者としては、第二ステップを優先して以下のようにまとめました。

> 20××年10月17日時点におけるKKドットコム（仮称）のコンパクトデジカメにおいて、人気機種のランキングを決定づけしている設計品質の優先順位は、……
>
> 　　優先第一位：画素数が600万画素以上
> 　　優先第二位：モニタサイズが2.4インチ以上
> 　　優先第三位：光学ズームが3倍以上
>
> 　その他の設計品質は、……
> 　　・記録メディア：SD、xD、CFのどれでもよい
> 　　・電源種類：単3/単4、専用バッテリーのどれでもよい
> 　　・重量：130g～170gの範囲内でよい
> 　　・売値：25000円～31000円の範囲内でよい

　非常に明確な分析結果です。
　当事務所のクライアント企業であるS社は、上記の分析に基づき、戦略的コンパクトデジカメの企画書を作成し、新たな挑戦へと挑みました。少なくとも、かつての「なんでもあり！」や、客が望まない多機能化を回避し、市場でのリベンジを果たしたのです。

> **超低コスト化力**
> 品質工学は、「なんでもあり！」や、客が望まない「多機能化」の商品開発を是正してくれる開発手法である。

2-5-5. 品質工学の賢い導入方法

　ここまで、数々の手法が登場しました。例えば、QC手法、FMEA、VE、品質工学、TRIZ（トゥリーズ）[注]などです。

　　注：次の項目で解説する。

　そのどれもが価値ある有効な手法ですが、とくに日本の大企業では、「QCオタク」、「FMEAオタク」、「VEオタク」、「品質工学オタク」、「TRIZオタク」が出現しています。彼らの多くが、「すべては○○手法」、「○○手法を中心に地球がまわる」、「すべての商品開発には、○○手法が不可欠」などと説き、企業の開発部門や生産現場や、若手技術者を混乱させています。

　彼らの共通点は実直なこと。

　実直ゆえに、それしか見えなくなってしまうのかもしれません。その結果、彼らが推進する各手法は、その企業ではほとんど普及せず、また、役に立っていません。年に一二度の事例発表大会も、現場や若手技術者にとっては負担以外の何物でもありません。最終的には、「管理者の、管理者による、管理者のための○○手法」に変貌していたのです。

　その反面、すばらしい企業も存在します。

　オタクではなく、現場や若手技術者とのヒヤリングを繰り返し、「管理者の、管理者による、管理者のための○○手法」ではなく、「技術者の、技術者による、技術者のための○○手法」のための指導者がいる企業では大きく躍進していました。
　各企業においては、様々な手法の指導者は、「オタク」にならないような適任者を指名することが、最大のキーポイントです。

　話題を品質工学に戻しましょう。
　品質工学ですが、約5000円の優れたソフトウェアが市販されています。品質工学を「工学」として指導する者は、オタクになりやすい傾向があります。

もしあなたが、筆者同様の設計職人ならば、今や、品質工学はエクセルやワードやその他のアプリケーション同様に、ソフトウェアの操作方法を理解するだけのことです。とても簡単な開発手法です。筆者お勧めの開発手法であり、廉価版のソフトウェアです。

> **超低コスト化力**
> 品質工学などの各手法の指導者は、オタクにならない適任者を指名することがキーポイントである。

> **超低コスト化力**
> 今や、品質工学は「工学」ではなく、単なるアプリケーションである。そして、筆者お勧めの開発手法である。

2-6　Ⅳ：韓国工業界躍進の原動力はTRIZ（トゥリーズ）

　QC手法……本章では何度も登場したので耳にタコ、いや、目にタコができたかもしれませんね。確かに、メードインジャパンを高品質の代名詞に変えた妙薬と思います。
　問題は、ここからです。

　妙薬も副作用があるように、QC手法にも以下に示す懸念点がありました。

---

① 生産系には向くが、開発系には不適切。
② 企業の一般職、つまりボトム層のモチベーションが上がる手法である一方、企業のトップ層やリーダー層が育たない。

　「企業のトップ層やリーダー層が育たない」……あれっ、経営層の判断の遅延が日本企業衰退の原因と関連していますね。
　また、日本企業と同じQC手法を韓国企業も導入したら、日本企業に追いつくだけで、追い越すことはできません。そこで韓国企業が選択した開発手法が、ロシア（旧ソ連）生まれの「TRIZ（トゥリーズ）」でした。
　米国生まれのQC手法、ロシア生まれのTRIZ……これも不思議な組み合わせですね。

そういえば、韓国の巨大企業をクライアントに持ち、その設計/開発部に足を踏み入れている筆者として、韓国企業内で、QC、QC活動、TQC、TQMなどというQC関連の単語は一度も聞いたことがありません。

　一方、日本企業では、かつてQC活動が盛んだった企業ほど、今、衰退しています。もちろん、QC手法が衰退の原因ではありません。QC手法の一本に、何十年もしがみついてきた日本企業が原因です。ニーズの変化を捉えられなかったのです。

超低コスト化力
韓国企業が躍進した要因の一つが、ロシアで誕生したTRIZの導入である。（注）

注：躍進したきっかけ、原動力となった。現在もそれは不変と主張している人がいるが、実際に開発/設計部へ足を運び入れているコンサルタントの筆者としては疑問が残る。

　先日、韓国人技術者が言っていましたよ。韓国企業はロシア人技術者から教わった「TRIZ」と呼ぶ開発手法を学び、商品開発に生かしていると。その結果、……。

　その結果、国際特許出願件数は世界の上位（注）になっています。

注：世界知的財産所有期間（WIPO）の資料では、2009年の一位：米国、二位：日本、三位：ドイツ、四位：韓国、五位：中国で、2011年の一位：米国、二位：日本、三位：ドイツ、四位：中国、五位：韓国となっている。

　そう言えば、サムスン電子、LGエレクトロニクス、現代自動車などが急激な勢いで大企業になったと聞いています。

　ていしたもんだぁ。
　日本企業では、今ひとつ反応がなかった「TRIZ」を、熱心に導入した成果があったようだなぁ。

第2章　低コスト化へのインフォームドコンセント

2-6-1. ロシア生まれのTRIZ（トゥリーズ）とは

　1946年、ロシアで開発された開発手法です。世界中の特許、250万件にのぼる分析結果から問題解決技法を提唱し、日本へは1999年頃に導入されました。

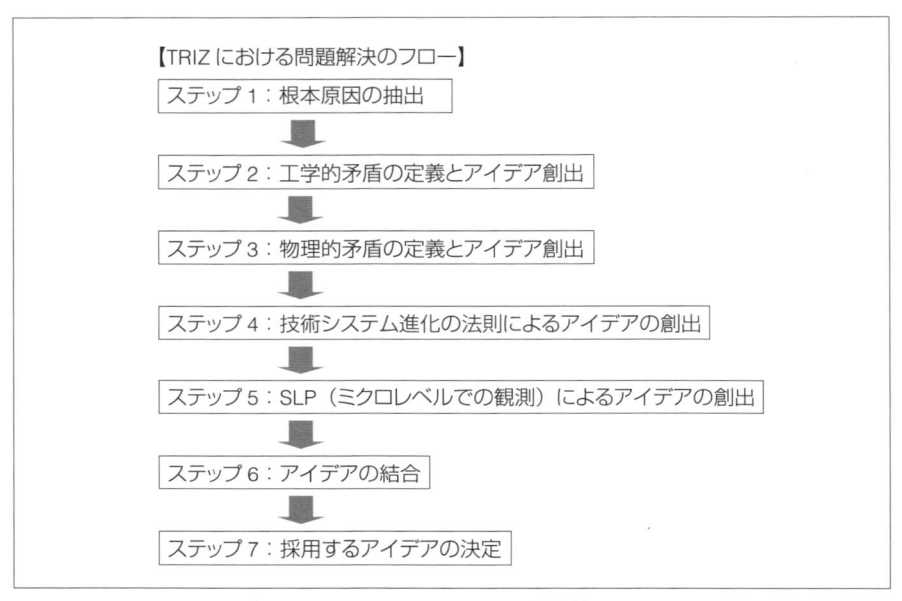

```
【TRIZにおける問題解決のフロー】
  ステップ1：根本原因の抽出
          ↓
  ステップ2：工学的矛盾の定義とアイデア創出
          ↓
  ステップ3：物理的矛盾の定義とアイデア創出
          ↓
  ステップ4：技術システム進化の法則によるアイデアの創出
          ↓
  ステップ5：SLP（ミクロレベルでの観測）によるアイデアの創出
          ↓
  ステップ6：アイデアの結合
          ↓
  ステップ7：採用するアイデアの決定
```

図表2-6-1　TRIZにおける問題解決のフロー

　図表2-6-1がTRIZにおける「問題解決のフロー」です。
　非常に難解ですね。「矛盾」や「物理的」や「システム」という抽象的な単語が現場や若手技術者を混乱させます。

　TRIZ……とくに日本企業内では、このような難解のイメージが作られてしまいました。その原因は、前述したオタクの登場です。「TRIZオタク」……彼らがTRIZに難解のレッテルを貼ってしまったのです。

　しかし、オタクではなく、現場や若手技術者とのヒヤリングを繰り返し、「管理者の、管理者による、管理者のための○○手法」ではなく、「技術者の、技術者による、技術者のための○○手法」の指導者がいる企業では大活躍していました。
　各企業においては、様々な手法の指導者は、「オタク」にならないような適任者を指名することが、最大のキーポイントです。

TRIZの中でも「40の発明原理」は、容易で有効な手法であり、また、現代の開発スピードにマッチしています。筆者お勧めの開発手法です。
　もしあなたが、筆者同様の設計職人ならば、TRIZは後述する「40の発明原理」だけで十分です。

　ここで、図表2-2-1におけるTRIZの適用域を認識しておきましょう。

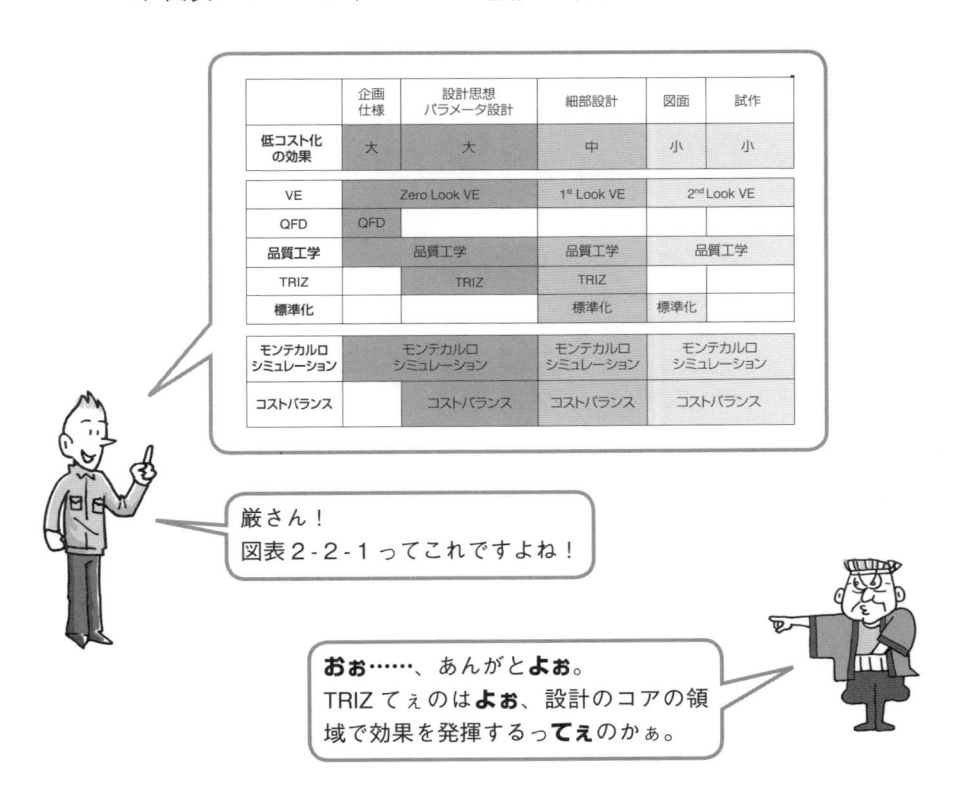

	企画仕様	設計思想パラメータ設計	細部設計	図面	試作
低コスト化の効果	大	大	中	小	小
VE		Zero Look VE	1st Look VE	2nd Look VE	
QFD	QFD				
品質工学		品質工学	品質工学	品質工学	
TRIZ		TRIZ	TRIZ		
標準化			標準化	標準化	
モンテカルロシミュレーション		モンテカルロシミュレーション	モンテカルロシミュレーション	モンテカルロシミュレーション	
コストバランス		コストバランス	コストバランス	コストバランス	

厳さん！
図表2-2-1ってこれですよね！

おぉ……、あんがと**よぉ**。
TRIZてぇのは**よぉ**、設計のコアの領域で効果を発揮するっ**てぇ**のかぁ。

2-6-2. 事例：TRIZ40の発明原理とその絵辞書

　筆者は、聡明な頭脳の持ち主ではありません。頭の良い学者からは、とても遠いところにいて、埼玉県の川口市に住む設計職人です。その筆者が、TRIZを学んだのですが、「TRIZのすべて」という範疇での理解は挫折しました。

　その反面、気に入ったのが「TRIZ40の発明原理」……そして、日本の造船会社と当事務所で共同作成した、**図表2-6-2**と**図表2-6-3**と**図表2-6-4**に示す「TRIZ40の発明原理とその絵辞書」がお勧めです。

超低コスト化手法実践版

TRIZ 40の発明原理 絵辞書
(Rev.07)

サブタイトル：40の発明原理 アンチョコ版

社団法人 日本技術士会 機械部会
國井技術士設計事務所
技術士：國井 良昌（機械部門・機械設計/設計工学）

Copy right (C) 2010 國井技術士設計事務所 All rights reserved.

目次

ページ	原理名	ページ	原理名	ページ	原理名	ページ	原理名
3	01:分割 02:分離	8	11:事前保護 12:等位性	13	21:高速実行 22:害を益に変換	18	31:多孔質利用 32:変色利用
4	03:局所性 04:非対称	9	13:逆発想 14:曲面	14	23:フィードバック 24:仲介	19	33:均質性 34:排除再生
5	05:組合せ 06:汎用性	10	15:ダイナミック性 16:アバウト	15	25:セルフサービス 26:代替	20	35:パラメータ 36:相変化
6	07:入れ子 08:釣り合い	11	17:他次元移行 18:機械的振動	16	27:高価長寿 安価短命 28:機械的システム代替	21	37:熱膨張 38:高濃度酸素利用
7	09:先取り反作用 10:先取り作用	12	19:周期的作用 20:連続性	17	29:流体利用 30:薄膜利用	22	39:不活性雰囲気 40:複合材料
23			直ぐ出来る！TRIZ 40の発明原理 26バージョン				
24			ちょっと難解！TRIZ 40の発明原理 14バージョン				
25			MY TEXT：40項目だけ考えれば良い				
26			MY TEXT：水中翼船を逆分析				
27			MY TEXT：布団圧縮袋を逆分析				
28			MY TEXT：2画面携帯用ゲーム機を逆分解する				

図表2-6-2　TRIZ 40の発明原理 その絵辞書（その1）

1. 分割

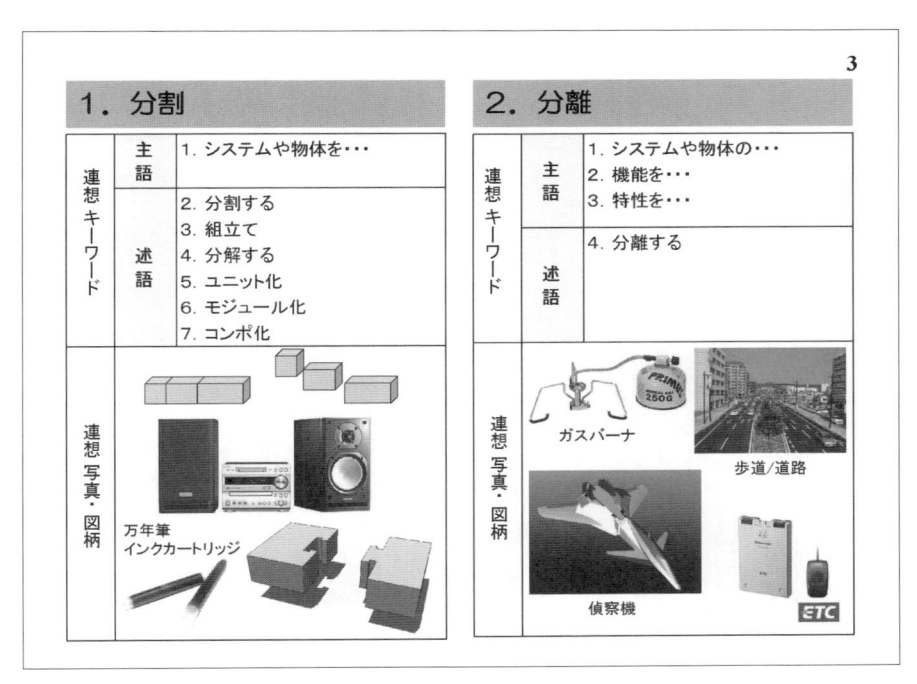

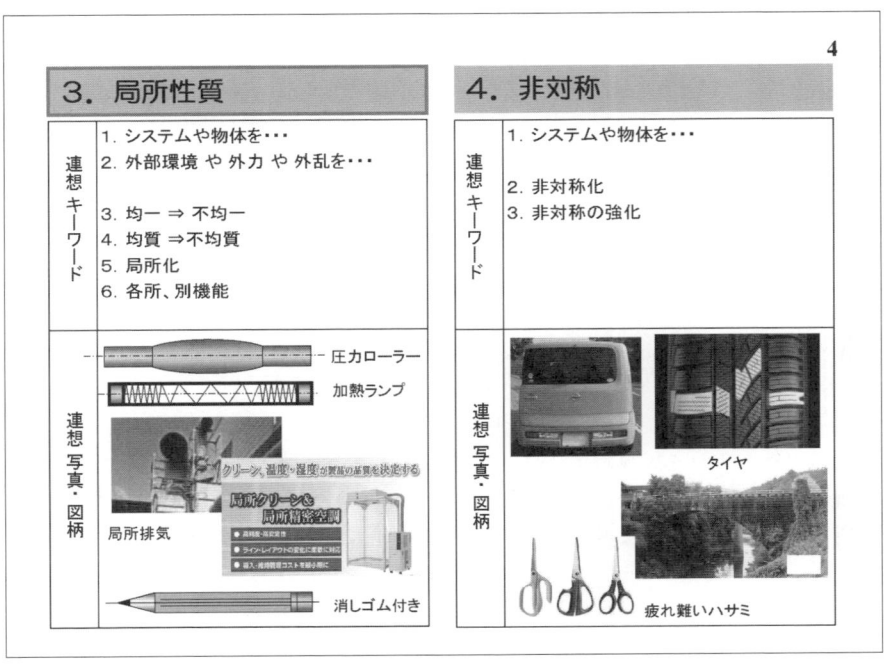

連想キーワード	主語	1. システムや物体を・・・
	述語	2. 分割する 3. 組立て 4. 分解する 5. ユニット化 6. モジュール化 7. コンポ化

連想写真・図柄：万年筆インクカートリッジ

2. 分離

連想キーワード	主語	1. システムや物体の・・・ 2. 機能を・・・ 3. 特性を・・・
	述語	4. 分離する

連想写真・図柄：ガスバーナ、歩道/道路、偵察機、ETC

3. 局所性質

連想キーワード	1. システムや物体を・・・ 2. 外部環境 や 外力 や 外乱を・・・ 3. 均一 ⇒ 不均一 4. 均質 ⇒ 不均質 5. 局所化 6. 各所、別機能

連想写真・図柄：圧カローラー、加熱ランプ、局所排気、消しゴム付き

4. 非対称

連想キーワード	1. システムや物体を・・・ 2. 非対称化 3. 非対称の強化

連想写真・図柄：タイヤ、疲れ難いハサミ

図表2-6-3　TRIZ 40の発明原理 その絵辞書（その2）

第2章　低コスト化へのインフォームドコンセント

5. 組合せ

連想キーワード
1. 類似したシステムや物体を・・・
2. 類似した機能を・・・
3. 類似した作業を・・・
4. 密接にまとめる
5. 組合わせる
6. 並行する

連想写真・図柄
眼鏡＋サングラス
造船（上下を溶接）
スタンプ印

6. 汎用性

連想キーワード
1. システムや物体に・・・
2. 複数の機能を持たせる
3. 他の部品の必要性をなくす。

連想写真・図柄
災害用キット
お座敷ワゴン
1台4役

図表2-6-4　TRIZ 40の発明原理　その絵辞書（その3）

　図表2-6-2、図表2-6-3、図表2-6-4が見づらい場合や、「TRIZ40の発明原理絵辞書」のオリジナルを入手したい場合は、下記のURLにアクセスしてください。ただし、参考レベルです。

【URL】	http://a - design - office.com/somesoft.html
【ソフト名】	No.26：超低コスト化の各種手法
【パスワード】	costbalance_mbclk

　40のワードのうち、No.1からNo.20までは、当事務所とクライアント企業である造船会社との共同作品です。したがって、あなたは、No.21からNo.40までを自作してください。もしくは、No.1からNo.40までの全部を是非、自作してください。

　自作が重要です。その理由は、次項の項目2-6-3で解説します。

「TRIZとは、1946年、ロシアで開発されました。世界中の特許、250万件にのぼる分析結果から問題解決技法を提唱し、日本へは1999年頃に導入されました。」と前述しました。

「TRIZ」で、Web検索してみてください。

そこには、TRIZ指導者が競うように難解な解説でTRIZを語っています。残念ながら、検索すればするほど理解できなくなります。学者のような聡明な頭脳を持ち合わせていない設計職人の筆者は大混乱です。

一部繰り返しになりますが、TRIZとは、1946年、旧ソ連海軍の特許審査員であったゲンリック・S・アルトシュラー氏が、その職業柄、次の事象に気づいたのです。世界中の特許250万件を分析すると、……

> ① 問題解決や発明とは、まったく新しい原理の発明や発見によるものはほとんどない。
> ② 過去の技術や、他分野における類似の解決策の繰り返しである。
> ③ もしくは、それらの組み合わせである。
> ④ そして、それらの問題解決や発明は40のワードで括れる。

ここで、図表2-6-2の下部を見てください。「40の発明原理の絵辞書」の目次です。ここに、40のワードが記載されています。

TRIZとは、つまり、TRIZ40の発明原理とは、前述の40ワードから、問題解決や発明やアイデアを抽出しようという発想法です。
そして、「TRIZ40の発明原理の絵辞書」とは、40もある難解なワードを覚えきれないので、辞書を引きます。しかし、文字ばかりの辞書を引くとそのたびに考え込んでしまうので、子供のときに使った「絵辞書」にしました。
これなら学者ではない、筆者のような設計職人にも使えます。

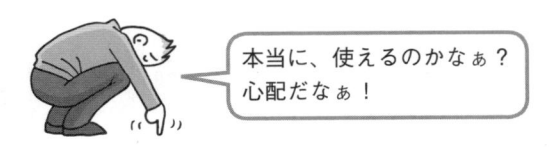

本当に、使えるのかなぁ？
心配だなぁ！

Zzzz……

第2章 低コスト化へのインフォームドコンセント　85

ちょいと茶でも……

指導者としては回避すべき○○オタクの見分け方

　信仰宗教とは異なり、QC手法、FMEA、VE、品質工学、TRIZなどは歴史ある有効な手法です。しかし、日本には「○○オタク[注]」が出現しています。注：○○には、手法の名前が入る。QCオタクやVEオタク。

　彼らの多くが、「すべては○○手法」、「○○手法を中心に地球がまわる」、「すべての商品開発には、○○手法が不可欠」などと説き、企業の開発部門や生産現場や、若手技術者を混乱させています。

　○○オタクの見分け方は容易です。

　例えば、ホームページを開設している場合、手法の普及が目的ではなく、「オレが、オレが！」の世界です。難しい単語を並べ、学術的に手法を説いています。

　「オレサマが一番の専門家だぞ！」と。

　また、○○手法の長所だけが記述され、短所の記載がありません。最悪の場合は、他のオタク仲間をけなしています。
　その結果、彼らが推進する○○手法は、その企業ではほとんど普及せず、また、役に立っていません。

> 厳さん！
> ぼくは、○○手法に関する一番の専門家になりたいです。
> そして、学位を取ります！

> オイ、まさお！
> 真の指導者とは**なぁ**、自分を犠牲にしてまでも**よぉ**……

年に一二度の事例発表大会も、現場や若手技術者にとっては負担以外の何物でもありません。最終的には、「管理者の、管理者による、管理者のための〇〇手法」に変貌しています。

　その反面、すばらしい指導者や企業が存在しています。

　〇〇手法を使う現場や若手技術者と常にヒヤリングを繰り返し、「管理者の、管理者による、管理者のための〇〇手法」ではなく、「技術者の、技術者による、技術者のための〇〇手法」のための手法を指導しています。

　このような指導者がいる企業で、〇〇手法は大きく躍進していました。その指導者は、実際に使う現場に自分の所属を移して、普及に努力していることが共通する特徴でした。

　「範を示せ！」……ですよね。あっぱれです。

　筆者は、度々、「料理を設計、料理人を設計者」にたとえて説明します。同じ職人同士なのでよく理解できるからです。
　飲食店などの商売も同じと聞いています。「儲けばかりを考えていると、最初は繁盛するかもしれない。しかし、客はすぐに遠のく」。
　「商売とは、自分を犠牲にするぐらい客に喜んでもらえることを常に考えること」と聞いています。

　感無量です。

　各企業においては、様々な手法の指導者は、「オタク」にならないような適任者を指名することが、最大のキーポイントです。
　ホームページの目的を分析することや、面談（面接）にて、その人物の「真の目的」を探ることが重要です。

超低コスト化力

手法の指導者は、現場に入って「範を示せ！」を貫くこと。手法オタクは、百害あって一利なし。

第2章　低コスト化へのインフォームドコンセント

2-6-3. 事例：それでも使えないTRIZ

　図表2-2-1には、「5+2」種類の低コスト化開発手法を掲載しました。どれもが優れた開発手法ですが、すべてに共通の弱点があります。それは、低コスト化のためのアイデアの抽出力です。

　どんなに開発手法が優れていても、アイデアが抽出できなければ「豚に真珠」、「猫に小判」の道具です。

　かつて、筆者が新人設計者だった頃の新人研修では、アイデア抽出法として「ブレインストーミング」がありました。今でも健在です。筆者が記憶しているブレインストーミングに、進行上のすばらしいルールがありました。

　① アイデア抽出中の批難禁止。（批難はいつでもできる）
　② 他人のアイデアに上乗せするアイデアを大歓迎。

　筆者は、当事務所のクライアント企業の協力を得て下記の実験を行いました。

【実験-1】
　飲み干したペットボトルの容器、500 mlでも2000 ml用などどれでもOKです。
　その利用方法を、ブレインストーミングで考えてください。

【結論-1】
　4人/グループの5チーム、総勢20名でアイデア抽出会を実施しました。平均で、1チーム当たりのアイデアは30件、その間、30分です。
　筆者は、その30分後を観察しました。どのチームもアイデアは出ません。無言のお通夜状態です。
　誰かが仕事の悩みを話し始めました。次に会社や職場の愚痴です。この話で盛り上がっています。
　まるで、幼稚園児か小学校の低学年のようです。

　すばらしいブレインストーミングも上記が限界です。仲間が増えれば増えるほど一人の真剣さが薄れてきます。これを「リンゲルマン効果[注]」と呼びます。
　　注：後の「ちょいと茶でも」で紹介する。

　そこで、当事務所とクライアント企業である造船会社と共同で考案したのが「TRIZ40の発明原理 絵辞書」です。

その絵辞書を作っただけでは、何の効果も得られません。**図表２-６-５**に示すように、「使いたくなる」……この気持ちにさせることが重要です。おそらく、TRIZオタクにはできない指導です。指導者は、その造船会社の役員でした。

【それでも使わないTRIZの推進方法】

ステップ１：40の発明原理の絵辞書をつくる
　社内外の事例を採用する。
　どこにも売っていないオリジナル絵辞書の完成

⬇

ステップ２：オリジナルの絵辞書を使いたくなる
　使いたくなる気持ちへ誘導する。

⬇

ステップ３：社内外のヒット商品を絵辞書で逆引き
　世の中のヒット商品は、絵辞書の何番と何番でできているのかを逆分析する。

⬇

ステップ４：低コスト化のアイデアを抽出

図表２-６-５　それでも使わないTRIZの対策手段

　筆者は、当事務所のクライアント企業の協力を得て下記の実験を行いました。

【実験－２】
　飲み干したペットボトルの容器、500 mlでも2000 ml用などどれでもOKです。
　その利用方法を、「TRIZ40の発明原理とその絵辞書」を使って考えてください。

【結論－２】
　４人／グループの５チーム、総勢20名でアイデア抽出会を実施しました。平均で、１チーム当たりのアイデアは30件。その間、30分です。
　筆者は、その30分後を観察しました。<u>どのチームも、絵辞書を見ながら、アイデアの抽出が継続していました。</u>

第２章　低コスト化へのインフォームドコンセント

ちょいと茶でも……

リンゲルマン効果って何？

「仲間が増えれば増えるほど一人の真剣さが薄れてきます。これをリンゲルマン効果と呼びます」……項目2-6-3で記述しました。それでは、「リンゲルマン効果（Ringelmann effect）」を紹介しましょう。

> リンゲルマン効果?……それって、なんですか？
> なんか、元気がでそうなネーミングですけど？

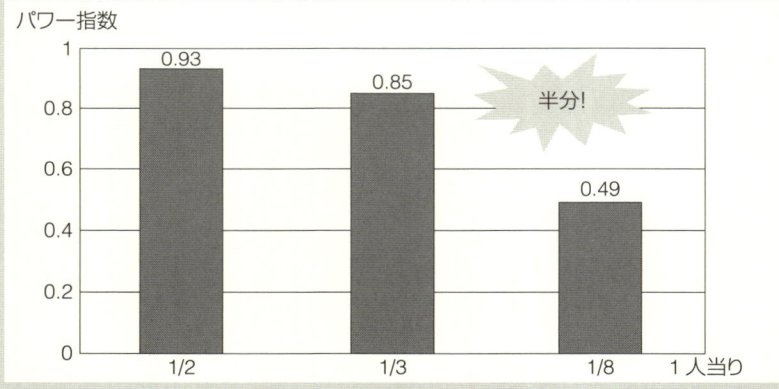

パワー指数

	1/2	1/3	1/8	1人当り
	0.93	0.85	0.49	

半分！

図表2-6-6　リンゲルマン効果について

> さっさっと、**図表2-6-6**を見ろ！
> リンゲルマン効果とはよぉ、運動会の綱引きで、二人で引くと一人の時の93％、三人では85％、八人ではわずか49％しか力を出さない現象のことだぜぃ。きたねぇヤツらだぁ！

> あっ、わかりました！拍手や応援絶叫を、例えば約6人で行う場合に、3～4人分しか拍手や大声を出さない現象ですよね。なぜか、高校の保健体育の授業で教わりました。

2-7　V：甘い！日本の大手自動車企業の標準化

　さて、低コスト化開発手法として五番目の「標準化」ですが、「やっている！」、「当たり前の活動！」と豪語する社長や役員がいますが、筆者は、「やっていません！」と反論します。
　それは、次項で証明しましょう。

2-7-1．ドイツ車に腰を抜かした自動車企業の技術陣

　20××年、日本を代表する大手自動車企業各社が、こぞって低コスト化活動に取り組んでいました。その理由は、欧州車が高級車をベースにコンパクトカーにも力を入れてきたこと、そして、隣国自動車産業の躍進です。家電品やIT産業だけでなく、ここでも「隣国」の単語が出現しました。

　筆者の友人で沖縄在住の技術者がいます。
　隣国の車を購入して、ちょっと故障したその翌日、その国から、生産技術者や設計者まできてくれたと驚いていました。社告・リコールに結びつく大きなトラブルではなく、ちょっとした故障だと技術者の友人が繰り返して言っていました。

　さて、前述の日本を代表する大手自動車企業各社が、取り組みはじめた低コスト化活動とは、……

- T社：大衆車名「C」を皮切りに、コストの「現状否定活動」として徹底したVE（項目2-3-1を参照）と原価管理を自社および、関連会社に強いた。
- N社：VEの徹底化、部品の共通化とモジュール化（部品機能の共通化）
- Ma社：モジュール化
- Mi社：モジュール化

　このT社は、N社、Ma社、Mi社のどこよりも低コスト化における部品の共通化やモジュール化が進んでいました。このことは、社会人でもない筆者の教え子の学生に質問してもキチンと回答が返ってくるほどです。
　またこのT社ですが、ドイツの有名自動車会社のV社と環境リサイクルやITS（高度道路交通システム）の共同研究で提携していました。そこで、一歩進めて部品の共通化で検討会が開催されたのです。

そして、T社の技術陣はV社の部品共通化の実力に腰を抜かすことになります。例えば、ドアの上部にある「アシストグリップ」ですが、……

> （V社のアシストグリップの原価）
> 　　　　　＝（T社のアシストグリップの原価）×1／2

　「乾いた雑巾を絞る」と、世間では噂されていたT社の低コスト化活動ですが、同業社であるV社のなんと！2倍の原価だったのです。その原因は、……。

　　・T社におけるアシストグリップの種類：130種
　　・V社におけるアシストグリップの種類：　3種

　図表2-7-1に示すアシストグリップが、V社ではたったの3種類に標準化されていたのです。

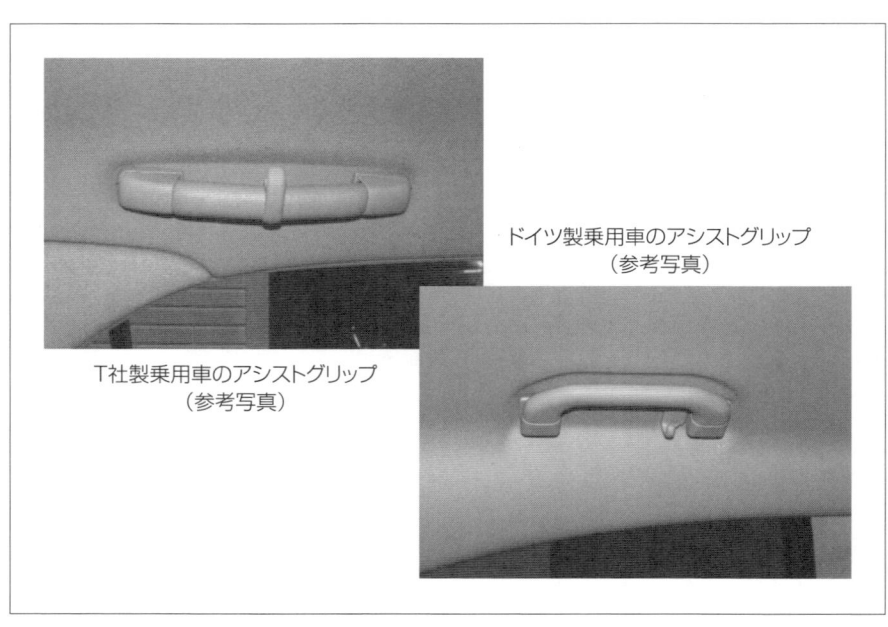

図表2-7-1　T社製乗用車とドイツ製乗用車のアシストグリップ

　後に、T社役員が次のように嘆いたと言います。

「実は、概念としてわかってはいても、量の発想が決定的に欠落していた」と反省しています。

その通りだと思います。
そして、もうひとつの原因に気がついていないようです。それは、国民性です。
神様が仕込んだ、日本人とドイツ人のDNAが国民性として露呈してしまいました。

世界の異端児である「なんでもあり！」の携帯電話や1台4役の事務用複合機、エアコン付きの洗濯機（えっ！冗談でしょ？）、イオン発生装置付き液晶テレビ（末期症状？）、……和洋折衷が大好きな日本人。実は、昔から「標準化」がとても苦手な民族なのです。

あまり良い話ではありませんが、第二次世界大戦で敗北した原因のひとつになっているほどです。

2-7-2. 事例：標準化で負けた零式艦上戦闘機（零戦、ゼロ戦）

メードインジャパンが高品質の代名詞を獲得したその後の日本企業は、「過剰品質」と「過剰機能（別名、多機能化）」であることは、項目2-1-2で解説しました。
実は、日本人は昔から「なんでもあり！」や「和洋折衷」が大好きな民族なのです。ラーメンライス、たらこスパゲティ、カレーうどん、ハンバーグカレー、そばめし、いちご大福、あんパン、そして、中国人が仰天する餃子定食。

さて、本題に入ります。

兵器を話題にすることは大変心苦しいのですが、本項のみ許していただきたいと思います。その名機は、「零式艦上戦闘機」、通称、零戦（ゼロ戦）です。
零戦の開発は、1937年の9月に海軍から提示された「十二試艦上戦闘機計画要求書」に端を発します。
十二試艦上戦闘機計画要求書、つまり、現在でいう企画書が、日本の海軍から発令されました。その約1.5年後の1939年4月に試作一号機が初飛行、翌年の1940年7月に採用、量産開始です。
設計者は、かの有名な堀越二郎氏です。

当時、34歳。三菱重工（現）の主任設計者です。

その作品（零戦）は、「ゼロファイター」の名でアメリカ軍パイロットから恐れられ、上空で零戦の姿の見ただけで退散するというほど高性能な戦闘機でした。ただし、開戦初期の約1年間のみです。

図表2-7-2　筆者が組立てた零式戦闘機のプラモデル

零戦の活躍は、開戦初期のみ。その原因を本書のコンセプトから紐解いてみましょう。まずは、「なんでもあり！」の企画書が原因の一つです。

前述の「十二試艦上戦闘機計画要求書」を海軍航空本部から受け取った堀越氏は、次のように感想を述べています。

① 計画要求書は、当時の航空界の常識を遥かに越えた要求性能であった。
② この要求のうちどれか一つでもなくなれば、ずっと設計しやすくなる。（このままの要求性能では、設計できないという意味）

そして、有能な設計者である堀越氏の採った策は、「設計思想とその優先順位」、とりわけ、優先順位を設定したのです。その優先第一位は、「軽量化」です。軽量化によってすべての相反する仕様や、「なんでもあり！」の仕様に応えたのです。

代表的な例が、当時は世界の常識であった防弾板の装備。パイロットを背後の銃弾から保護するための厚さ10ミリの防弾板（鉄板）を排除し、さらに、**図表2-7-3**に示すようにパイロットのシートにまで多くの軽量化のための穴を設けたのです。

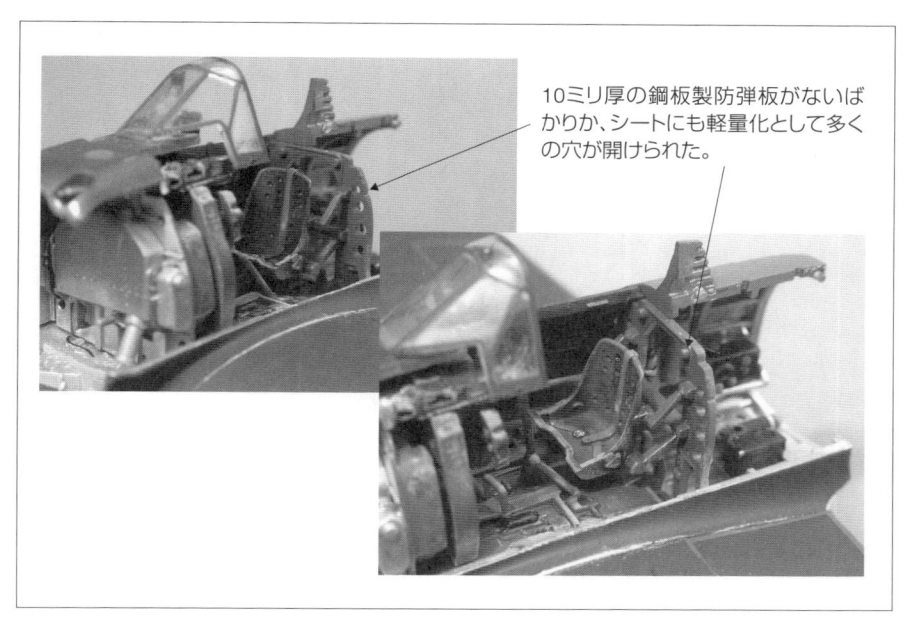

10ミリ厚の鋼板製防弾板がないばかりか、シートにも軽量化として多くの穴が開けられた。

図表2-7-3　軽量化で穴だらけの零戦のコックピット（筆者組立て）

　あるとき、南島で無傷の零戦を発見したアメリカ軍は、慎重にその機体を本国へ搬入し、念入りに調査/分解しました。アメリカ軍の技術者は、厚さ10ミリに防弾板（鉄板）がない零戦の構造を知り、驚愕するととも、零戦を操縦するパイロットの背後から射撃する戦法に変更したのです。

　これが、零戦敗北の始まりでした。

　次の原因は、「なんでもあり！」から派生した標準化の遅れです。いや、「遅れ」というよりも、今日でもできない日本人の悪しき慣習……それは、標準化できないDANを有していたのです。
　実は、世界の工業国の中で日本人ほど標準化が苦手な民族はいないと言われています。苦手というよりも、和洋折衷が大好きなのです。

　もう一度、図表2-7-2を見てみましょう。
　この零戦に装備されていた機関銃ですが、機体の型式変更などを考慮しない大雑把な調査では、……

① φ 7.7 m
② φ 20 mm
③ φ 13.2 mm

以上、3種類の弾丸径で3種類の機関銃が装備されていました。
それに対して、零戦の宿敵であるアメリカ軍のグラマンは、……
④ φ 12.7 mm ……たったの1種類でした。

勝敗は明白となりました。
「歴史は繰り返す」……今の日本企業の姿です。

2-7-3. 事例：標準化で材料費半額の隣国EV（電気自動車）

筆者は、部品の共通化やモジュール化の一歩源流にさかのぼった「材料の標準化」で隣国のEV（電気自動車）の低コスト化をリーディングしました。

正直にいえば、共通化などはドイツ人にはかなわないので、あえて、源流である「材料の標準化」にさかのぼって着手したのです。

その結果、……

材料選定による「集中購買」により、2割から3割のコスト低減効果を得ることに成功しました。特に、輸送費と利管費（倉庫における部品や商品の管理費用）は、半減したとの報告を得ています。

以降は、その実務報告です。

> **オイ、まさお！**
> どうも**よ**ぉ、「標準化」がEVの世界戦略のキーワードという感じがしてきた**ぜぃ**！
> そうだろう？

> 厳さん！
> ぼくも、そう思います。
> EVだけではなく、IT産業もそうかもしれません。

隣国のEV開発チームからコンサルテーションを受注しました。
　アジア戦略をコンセプトにするそのEVは、携帯電話や電気バイク同様、低価格を武器に一気に普及をと考えていました。話題性があっても今ひとつ販売台数が伸びない日本車の車名Lは、反面教師として十分な調査を指示しました。
　さて、コンサルテーションのメインは、「超低コスト化手法」でした。その中でも「材料の標準化」が活動の中心であった理由と実績を確認してみましょう。

　それは、量産効果の「見える化」です。

　それでは初めに、「量産効果」を理解しましょう。
　量産効果とは、簡単に言えばスーパーマーケットなどで1つのリンゴを買うよりも、一袋5個入りのリンゴの方が単価は安くなるのと同じ考えです。前者のリンゴが150円、後者は5個で500円という場合です。

　次に、「ロット数」を理解します。
　ロット数とは、例えば1000個/月という具合に1ヶ月で1000個生産する場合や、部品会社に生産を依頼するときに、一度の注文で1000個生産という意味です。前述したリンゴの例に戻れば、ロットとは、「一袋5個入り」の「一袋」に相当します。

　最後に、**図表2-7-4**で登場する「材料取り」を説明します。
　例えば寿司屋に行きますと、冷蔵庫には両手で持つ大きさのマグロのブロックが冷凍保存されています。このブロックからマグロの刺身の一サクを切り出します。手のひらに乗る大きさです。この一サクが材料取り加工に相当します。

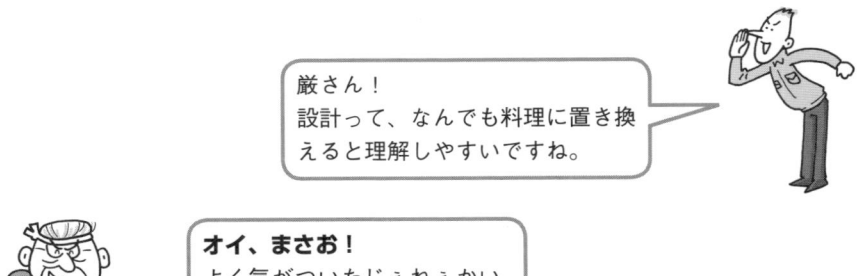

> 厳さん！
> 設計って、なんでも料理に置き換えると理解しやすいですね。

> **オイ、まさお！**
> よく気がついたじぇねぇかい。
> **あん？**
> 食いもんは万人の共通だから
> **な**ぁ……。

第2章　低コスト化へのインフォームドコンセント　　97

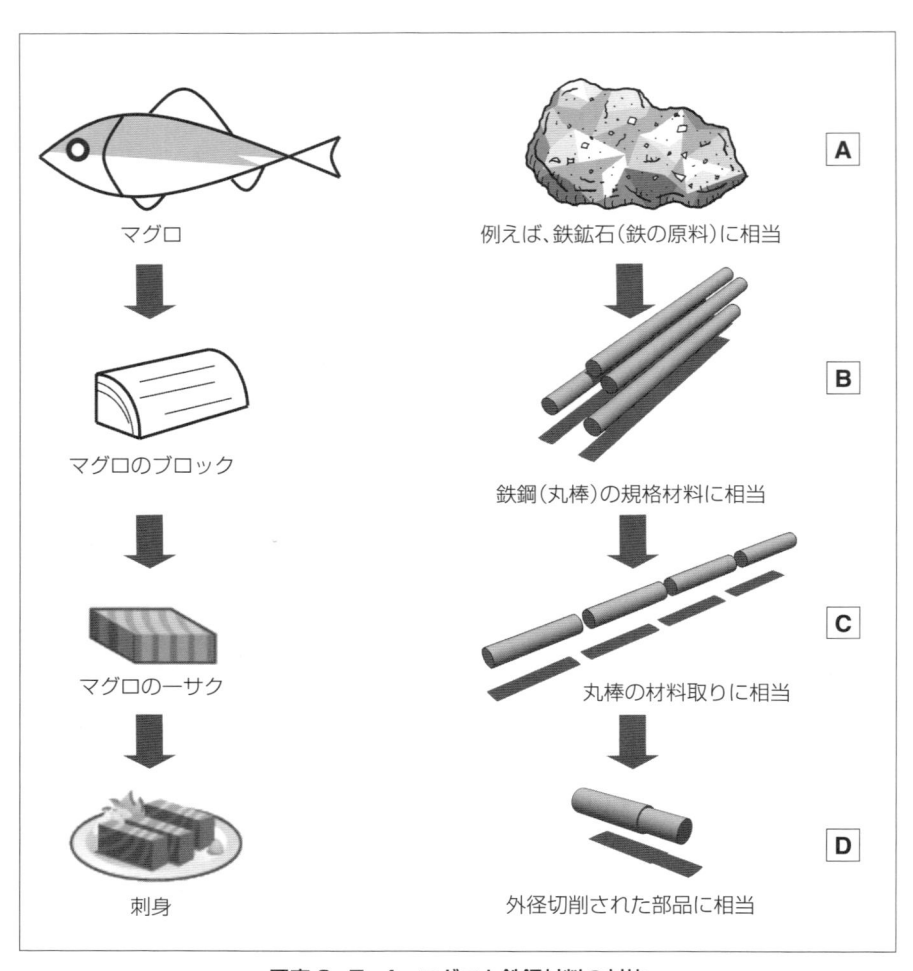

図表 2-7-4　マグロと鉄鋼材料の対比

　図表2-7-4における「A」は鉄鋼石です。鉄鋼メーカーにおける精錬を経て、「B」の丸棒の規格材料が製造され出荷されます。街を走っているトラックの荷台に赤い布を下げて運送されている場合をよく見かけました。

　「C」は、「B」の規格材料を、まるで「七五三の飴」のように切断します。これを「材料取り」といいます。

　「D」は、その材料取りから旋盤による外径切削をイメージしています。

　さて、次の**図表2-7-5**は、材料入手の次の工程である「C：材料取りの加工費」に関する量産効果を示します。基準数量は、ロット1000個です。

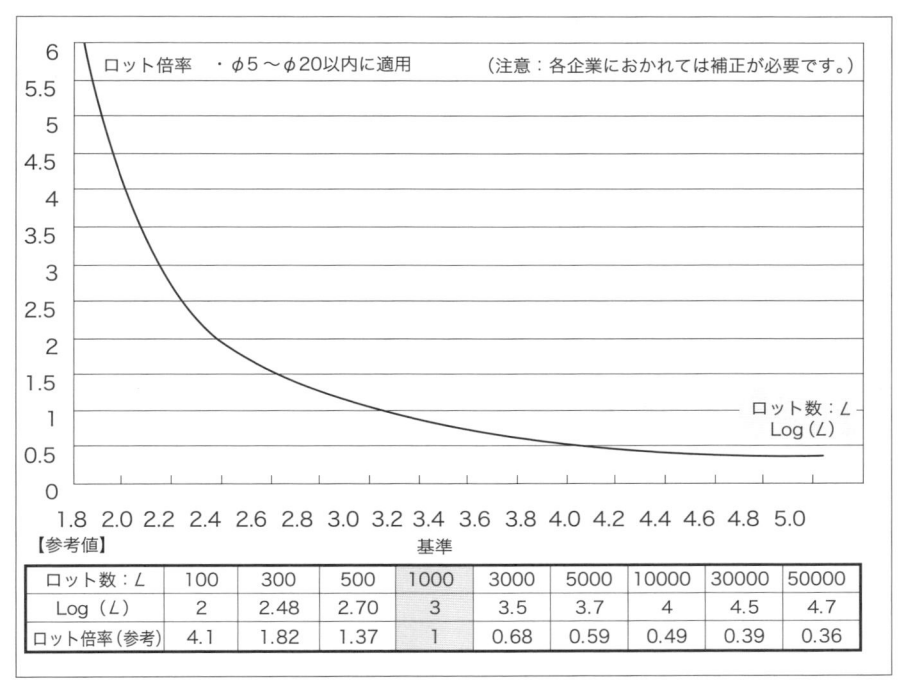

ロット数：L	100	300	500	1000	3000	5000	10000	30000	50000
Log(L)	2	2.48	2.70	3	3.5	3.7	4	4.5	4.7
ロット倍率(参考)	4.1	1.82	1.37	1	0.68	0.59	0.49	0.39	0.36

図表2-7-5 材料取り加工の量産効果
〔出典：ついてきなぁ！加工知識と設計見積り力で『即戦力』（日刊工業新聞社刊）〕

　例えば、ロット10000本の場合のロット倍率を求めると、Log10000＝4であり、グラフより0.49と読めます。つまり、ロット1000の注文時は加工費を「1」とするとロット10000では、なんと！約50％引のコストになります。

　逆に、ロット100本の場合のロット倍率を求めると、Log100＝2であり、グラフより4.1と読めます。つまり、ロット1000の加工費を「1」とするので、ロット100では、なんと！4.1倍のコストになってしまいます。

　恐ろしき量産効果を、あなたの目で確認できましたか？

超低コスト化力

量産効果の「見える化」である図表2-7-5に注目せよ！

旋盤で切削する部品会社では、鉄鋼メーカーから図表2-7-4に示す「B」の規格材料を購入します。次に、自社に都合のよい長さである「C」の材料取りを施し、いよいよ一般的な軸に加工するわけですが、その多くは「D」の外径を切削します。

先ほどの寿司屋で言えば、一サクのマグロから「シャリ」に乗せるひとつ一つのネタ（マグロの刺身）が外径加工に相当します。その量産効果を**図表2-7-6**に示しました。

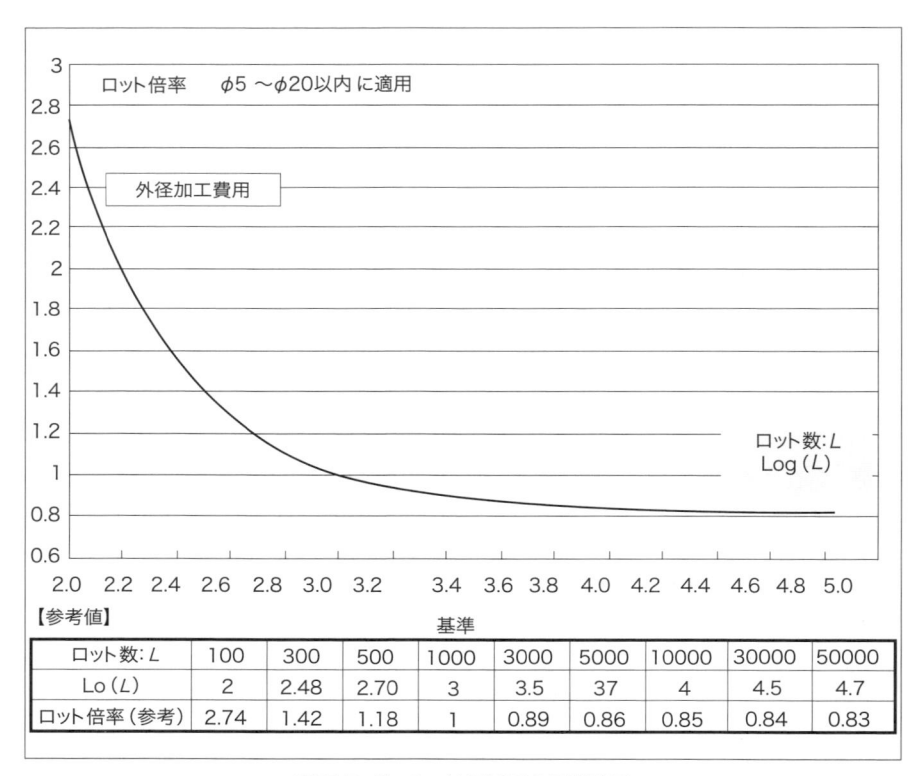

【参考値】

ロット数:L	100	300	500	1000	3000	5000	10000	30000	50000
Lo(L)	2	2.48	2.70	3	3.5	37	4	4.5	4.7
ロット倍率（参考）	2.74	1.42	1.18	1	0.89	0.86	0.85	0.84	0.83

図表2-7-6　外径加工の量産効果
（出典：ついてきなぁ！加工知識と設計見積り力で『即戦力』：日刊工業新聞社刊）

それでは、図表2-7-5同様に、図表2-7-6で外径加工の量産効果を目で確認しましょう。
ロット1000個の加工費を「1」とすると、ロット10000では、約15％引の0.85のコストとなります。

逆に、ロット100のロット倍率を求めると、Log100 = 2であり、グラフより2.74と読めます。つまり、ロット1000の加工費を「1」とするので、ロット100では、なんと！2.7倍のコストになってしまいます。

ここで、筆者が隣国EV（電気自動車）に関して実施したコンサルテーションを以下にまとめました。図表2-7-4における「C」、「D」、「B」に関して、

① 「C：材料取り」における量産効果を、部品の標準化で達成する。
② 「D：部品」における量産効果を、部品の標準化で達成する。
③ 「B：規格材料」を限定し、集中購買に徹する。

図表2-7-7は、本書のコンセプトを達成した証と自負します。つまり、上記③の効果をグラフ化したものです。恐らく、日本初の公開データです。

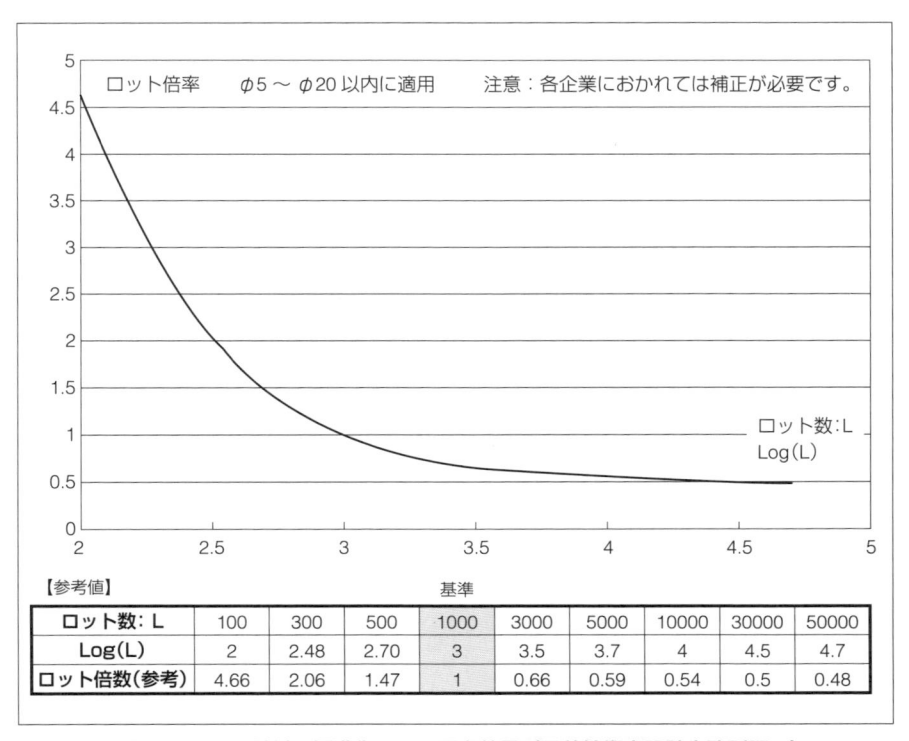

【参考値】				基準					
ロット数：L	100	300	500	1000	3000	5000	10000	30000	50000
Log(L)	2	2.48	2.70	3	3.5	3.7	4	4.5	4.7
ロット倍数(参考)	4.66	2.06	1.47	1	0.66	0.59	0.54	0.5	0.48

図表2-7-7 材料の標準化による量産効果（國井技術士設計事務所調べ）

本項に関連する③の効果は、2割から3割のコスト低減効果を得ることに成功しました。特に、輸送費と利管費（倉庫における部品や商品の管理費用）は、半減したとの報告を得ています。
　また、貴社で使用している材料の種類は、半分にすることが可能です。次の「ちょいと茶でも」で、それを証明しましょう。ご期待ください。

【中華料理】
A定食 570円
B定食 590円

厳さん！厳さん！
図表2-7-7ってすごいですよ。

これで飲食店における「ランチ定食」や社員食堂や牛丼が安い理由が理解できました。
答えは、**「食材の大量仕入れ」** ですね！

オイ、まさお！
よく気がついたじぇ**ねぇ**かい。**あ**ん？

しかし、逆を考えてみろ！
数量が期待できないときは「地獄」を味わうことになる**ぜぃ**！

超低コスト化力

学生食堂、社員食堂などの定食が安いのは、「食材の大量仕入れ」である。それは、図表2-7-7で理解できる。

ちょいと茶でも……

材料の低コスト化は調達部が主役

　低コスト化手法の常套手段として、もっとも重要な「材料の標準化」は、隣国EV（電気自動車）開発を事例に解説しました。

　ここでは、日本工業界に関して驚愕する材料規格の種類の多さを実感してもらいます。それでは、**図表2-7-8**で各国の材料規格、その種類を比較してみましょう。

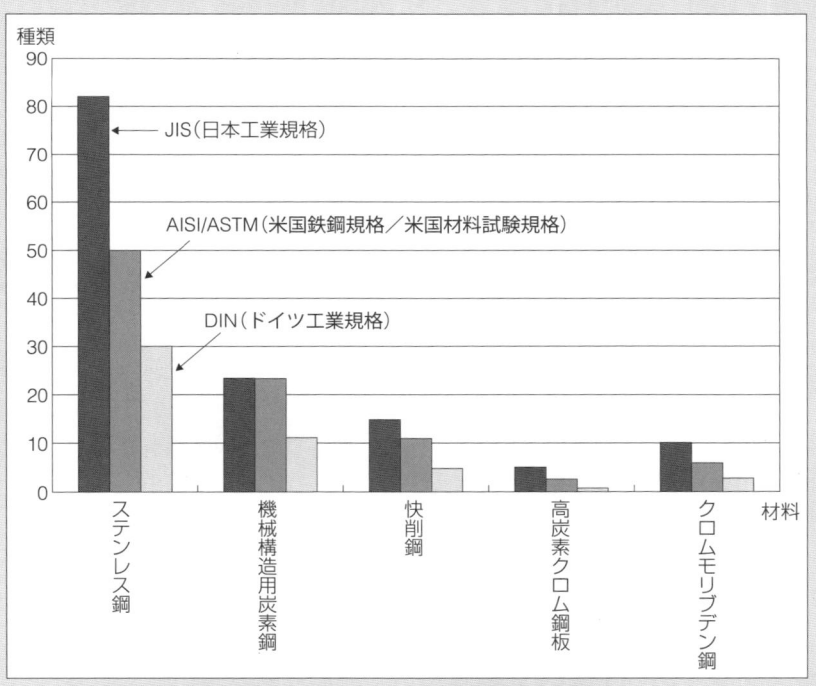

図表2-7-8　主な材料に関する規格の種類
（國井技術士設計事務所調べ）

材料	JIS（日本工業規格）	AISI/ASTM（米国鉄鋼規格／米国材料試験規格）	DIN（ドイツ工業規格）
ステンレス鋼	82	50	30
機械構造用炭素鋼	23	23	11
快削鋼	15	11	5
高炭素クロム鋼板	5	3	1
クロムモリブデン鋼	10	6	3

　JIS規格は、日本国の工業界にとって必要な材料を取捨選択したと思います。JISを攻めることなく、材料の標準化は各企業で実施すればよいのです。それを先導するのは、調達／資材／購買部です。低コスト化を実現させる重要な部門です。

2-8 最重要項目は設計見積りができること

「低コスト化開発手法には、『5＋2』種類が存在する」……ここまで、5種類の開発手法を解説してきました。本書のコンセプトは、「低コスト化」ですから、「それはいくら？ 何円？」という具合にお金、値段、予算などの議論です。

ここで、あなたを不機嫌にする情報を、もう一度[注]、伝えなくてはなりません。
注：項目1-5-1の内容を再度、詳細に伝える。

それは、……
世の中には、その存在すら知られていない「技術スカウトマン」という職業があります。前記の「技術」を、「野球」や「サッカー」などのスポーツの世界に置き換えれば、その存在は納得のいく職業ではないでしょうか？
今、このスカウトマンにひとつの法則が生まれています。それは、日本の研究者と生産技術者は全世界のスカウトマンからターゲットになっていますが、日本の設計者は決してスカウトしないという法則です。

その理由は、三つあります。日本人設計者は、……

> ① 累積公差計算ができない。
> ② 自分で描いた図面のコストを見積れない。
> ③ そして、設計書が書けない。

技術スカウトマン曰く、「かつて、米国、ヨーロッパ、韓国などにおける大企業に転職した日本人設計者は、これらが原因でISO9001における必須のデザインレビューに臨めない」と言います。
「デザインレビューという審査が通らない」ではなく、「臨めない」、つまり、参加すらできないということです。

日本の有名なOA機器企業から、隣国の有名な大企業に転職した設計者がいました。彼はその設計室で、「設計書って何？」と質問したら、その部屋が凍りついたといいます。彼はスカウトされたのではなく、自分から転職したのです。

1年後、彼は別のOA機器企業へ転職しました。もちろん、その企業は日本企業であり、そこに設計書は存在しませんでした。

蛇足ですが、前述の①、②に関する対処は、著書「ついてきなぁ！ 加工知識と設計見積り力で『即戦力』」（日刊工業新聞社刊）で、また、③に関しての対処は、著書「ついてきなぁ！『設計書ワザ』で勝負する技術者となれ！」（日刊工業新聞社刊）を参照してください。
　また、②をさらに強化した「ついてきなぁ！ 加工部品設計の『儲かる見積り力』大作戦」も参考になります。

　さて、**図表2-8-1**は図表1-5-1の再掲載ですが、日本企業における低コスト化会議の議事録とあの有名な隣国企業における同、議事録との比較です。（商品は手動鉛筆削りに置き換えています。）

日本企業の低コスト化活動議事録　4月15日			隣国企業の低コスト化活動議事録　4月15日		
No	低コスト化案	見積り値の**提出期限**	No	低コスト化案	**見積り値**（ウォン）
1	板金ケースと大型ケースの樹脂一体化	4月22日まで	1	板金ケースと大型ケースの樹脂一体化	－286
2	大型ケースの薄肉化（2mm⇒1.2mmへ）	4月19日	2	大型ケースの薄肉化（2mm⇒1.2mmへ）	－214
3	回収ケースの薄肉化（2mm⇒1.2mmへ）	4月19日	3	回収ケースの薄肉化（2mm⇒1.2mmへ）	－190
4	ゴムホルダを3個から1個へ	4月22日まで	4	ゴムホルダを3個から1個へ	－1,050
―			―		
19	ゴム1面シートを4点丸型シートへ	4月24日まで	19	ゴム1面シートを4点丸型シートへ	－100
20	先端削り機能（機構）の削除	4月20日	20	先端削り機能（機構）の削除	－1,785
	合計見込み金額	？		合計見込み金額	－**3,625**

図表2-8-1　日本企業と隣国企業の低コスト化活動に関する議事録の比較（再掲載）

　左右議事録の違いを探してみましょう。その差異に気がつきましたか？
　左側の日本企業は、アイデア出しだけで会議が終了します。その議事録には、「本日○○件抽出」と記録されます。しかし、隣国企業の議事録には、「本日○○件抽出、△△ウォンの低コスト化の見通し」となっています。

　これで、グローバルで戦えますか？

なぜなら、議事録の後、数週間かけて見積り値が入手でき、そこからまた再検討の会議開催です。

　技術者の四科目とは、QCDPaであることを項目1-5-1で解説しました。さらに、「D」は、近年、開発スピードと訳す時代です。
　経済戦争といわれて久しい年月が経ちますが、どうしてこのようなまどろっこしい日本企業になってしまったのでしょうか？　低コスト化のためのアイデアを抽出し、その場でおよそいくらかと算出しなければ、場の緊張感がそがれますし、開発スピードに応えられません。

> **超低コスト化力**
> 見積りができない低コスト化活動は、空論で終了する。

　「今の日本で英語教育がグローバル化には必須」……このセンテンスは、長年に渡って言われ続けてきました。例えば、このテーマで学校における会議を開催したとき、英語がまったく読めない、書けない、話せない人ばかりを招集したのでは、会議の結論は空論で終わります。
　この方々の出席も必要ですが、英文学者や通訳や、話せないことで窮地に陥った人などの招集が必要です。

　話を低コスト化に戻しましょう。

　どんなに低コスト化に関心のある者を召集しても、その会議中に「円、ドル、元、ウォン」などの「いくら？　何円？」の議論ができなければ、空論となってしまいます。低コスト化活動の前に、技術基礎力の増強が必要なのです。

2-8-1．コストに無関心な日本人技術者
　「安かろう、悪かろう」から世界一の品質を誇る日本企業になりました。しかし、高度成長は、そこで停滞してしまったようです。高品質は当たり前、高品質だけでは生存できる状況ではないことに気がつくのが遅すぎました。
　図表2-8-2は、当事務所のホームページ内に併設されている「質問コーナー」に寄せられた内容の分析です。

質問者の多くは、日本、韓国、中国の技術者たちです。

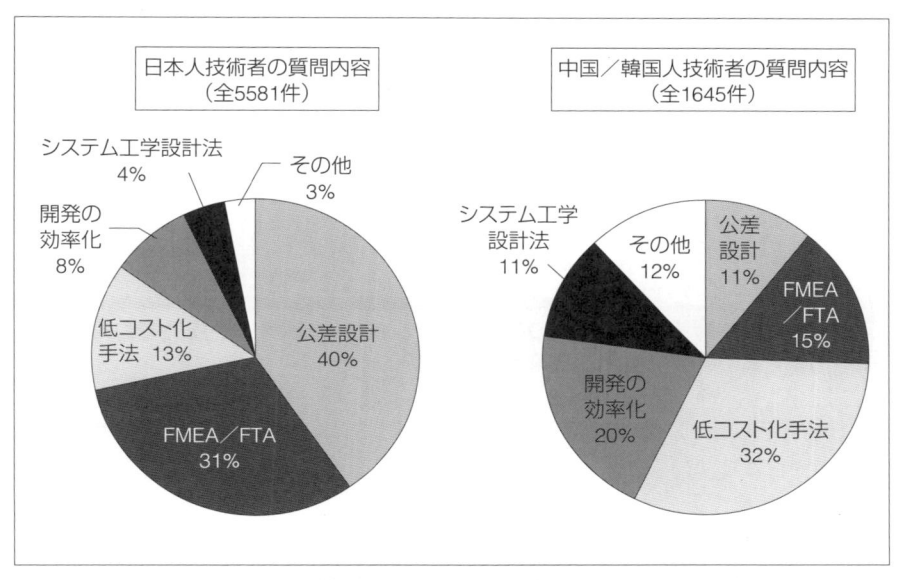

図表２-８-２　國井技術士設計事務所への問い合せとその内容分析

日本人技術者の質問内容（全5581件）
- 公差設計 40%
- FMEA／FTA 31%
- 低コスト化手法 13%
- 開発の効率化 8%
- システム工学設計法 4%
- その他 3%

中国／韓国人技術者の質問内容（全1645件）
- 低コスト化手法 32%
- 開発の効率化 20%
- FMEA／FTA 15%
- その他 12%
- システム工学設計法 11%
- 公差設計 11%

　中国や韓国では、第1位で32％を占める「低コスト化」に関する質問が多く、これから判明することは、品質と低コスト化の両立に関する設計手法を模索していることが伺えると推定しました。

　一方、日本の技術者からの特徴は、低コスト化手法の質問は極端に少ないということです。低コスト化を力説しているのは、社長をはじめ、経営者だけなのでしょうか？　そして、公差設計に関する質問が首位を占めています。
　これは、加工法を知らないために、形状や精度がどこまで製作可能かがわからない場合や、幾何公差に悩んでの質問であると判断しました。

　簡単に分析すると、……
　日本人技術者の信頼性に関するFMEA/FTAの質問と、低コスト手法の質問の割合が、中国/韓国人技術者のそれと逆転しています。日本企業では、未だに信頼性だけに注力しているのでしょうか？

いや、低コストを追求するあまり、トータルコストデザイン注のバランスを崩して、社告・リコールの対策に迷走しているという見方もできます。

注：第3章の項目3-1-1を参照。

筆者は、当事務所のクライアント企業に対して、外部設計審査員として参加していますが、各企業で「C」に関する質疑応答が弱いと感じています。日本企業においては、気合いや圧力ではなく、「5＋2」種類の開発手法を用いて「C」を追求する必要があります。

超低コスト化力

技術者の主要四教科は QCDPa であり、「C」は気合いや圧力ではなく、「5＋2」種類の開発手法を使いこなすこと。

当事務所では、以下の現象を捉えています。日本人技術者からヒアリングしたコスト意識は、……

① 輸出依存企業なのに、本日の1ドルが何円か知らない。
② 自社の商品（部品）を構成する各種の材料コストを知らない。
③ 自分が設計した部品なのに、そのコストがおよそいくらかもわからない。
④ 自分が製造担当する部品なのに、そのコストがいくらかもわからない。
⑤ 管理職なのに自社の賃率を知らない。
⑥ 役員などの上層部なのに、他社の賃率を知らない。
⑦ 設計審査で「C」を審査しない。
⑧ 部品調達が「言い値（いいね）」で購入している。
⑨ 自社製品（部品）の原価（コスト）を知らない。
⑩ コストに関する競合機分析をやっていない。
⑪ 低コスト化の開発手法を何も導入していない。
⑫ 材料や部品の標準化や共通化をやっていない。

3つ以上が該当すると、少々まずい企業かと思います。

本書は、「5＋2」種類の低コスト開発手法を解説しています。ただし、条件があります、それは、「常にコストを意識できる」……あなたにコスト意識があることが必要条件です。

これは、常に体重や体脂肪を意識しているスポーツ選手とまったく同じです。

超低コスト化力・チェックポイント

【第2章における超低コスト化力・チェックポイント】
　第2章における「超低コスト化力・チェックポイント」を下記にまとめました。理解できたら「レ」点マークを□に記入してください。

〔項目2-1：低コスト化へのインフォームドコンセント（同意）〕
　① 過剰品質と過剰機能商品の開発には気合いと感性が必要。一方、コストパフォーマンス商品には、開発手法が必要である。　□

　② 本書はこの先、日本の99％の企業とあなたのために、「コストバランス法」が最適であることのコンセンサスを得ていく。　□

〔項目2-2：「5＋2」種類が存在する低コスト化手法〕
　① 「品質とコストの両立」と「品質とコストの設計バランス」は、設計職人にとっては、最高レベルの設計ワザである。　□

　② 過剰品質と過剰機能の開発に、低コスト化手法は無用。すべては、思いつきと感性で開発する。　□

　③ コストパフォーマンス開発に、低コスト化手法は必須。手法は、思いつきと感性を排除する。　□

　④ 品質の90％、コストの80％は設計段階で決定する。　□

　⑤ 時代は、フロントローディング開発の体制へ！ フロントローディング開発でない企業は、負け組となる可能性あり。　□

⑥ フロントローディング開発とは、設計審査、FMEA審査、低コスト化活動、特許出願を出図前、試作前に実施すること。 □

⑦ 低コスト化手法は、開発の開始から終盤へ向かって、効果大⇒中⇒小となる。 □

〔項目2-3：Ⅰ：隣国が躍進したその訳は日本が捨てたVE手法〕
① 隣国工業界を躍進させた原動力は、日本企業が捨てたVE手法である。 □

② 10%以上のコストダウンは、「大黒柱を削って、屋根が落ちる」に相当する。 □

③ 低コスト化は、設計段階から徹底して切り詰めること。これましく、「フロントローディング開発」である。 □

〔項目2-4：Ⅱ：日本生まれのQFDで人気のデジカメを企画〕
① 感性や多数決とは異なり、QFDはレビューができ、進化するための道具（開発手法）となる。 □

〔項目2-5：Ⅲ：日本生まれの品質工学で人気のデジカメを再企画〕
① 品質工学とは、最適なパラメータ設計、および、最適な低コスト化のための開発手法である。 □

② 品質工学は、「なんでもあり！」や、客が望まない「多機能化」の商品開発を是正してくれる開発手法である。 □

③ 品質工学などの各手法の指導者は、オタクにならない適任者を指名することがキーポイントである。 □

④　今や、品質工学は「工学」ではなく単なるアプリケーションである。
　　　そして、筆者お勧めの開発手法である。　　　　　　　　　　　□

〔項目2-6：Ⅳ：韓国工業界躍進の原動力はTRIZ〕
　①　韓国企業が躍進した要因の一つが、ロシアで誕生したTRIZの導入である。
　　　　　　　　　　　　　　　　　　　　　　　　　　　　　　　□

　②　手法の指導者は、現場に入って「範を示せ！」を貫くこと。手法オタクは、百害あって一利なし。　　　　　　　　　　　　　　　　　□

〔項目2-7：Ⅴ：甘い！ 大手自動車企業の標準化〕
　①　量産効果の「見える化」である図表2-7-5に注目せよ。　　　□

　②　学生食堂、社員食堂などの定食が安いのは、「食材の大量仕入れ」である。それは、図表2-7-7で理解できる。　　　　　　　　　　□

〔項目2-8：最重要項目は設計見積りができること〕
　①　見積りができない低コスト化活動は、空論で終了する。　　　□

　②　技術者の主要四教科はQCDPaであり、「C」は気合いや圧力ではなく、「5＋2」種類の開発手法を使いこなすこと。　　　　　　　　　□

かなり、ボリームのある第2章でしたね。

　チェックポイントで70％以上に「レ」点マークが入りましたら、3章へ行きましょう。第3章は、「5＋2」種類ある開発手法のうち、新しい二つの手法を解説します。ご期待ください。

第3章
新低コスト化手法の取捨選択

- 3-1 二つの新しい開発手法を取捨選択
- 3-2 Ⅵ：なんでもできるモンテカルロシミュレーション
- 3-3 Ⅶ：中1数学で実践するコストバランス法
  〈超低コスト化力・チェックポイント〉

どうだ、まさお！

5つの道具を覚えた**かぁ**？
時間をかけてもいい、
オメェにとっての最適な道具を選べ。

これは、教育的指導だぁ！

厳さん！
ありがとうございます。
次の新手法を学んでから、自分にとっての最適な手法を選んでみます。

【注意】
第3章に記載されるすべての事例は、本書のコンセプトである「若手技術者の育成」のための「フィクション」として理解してください。

第3章 新低コスト化手法の取捨選択

3-1 二つの新しい開発手法を取捨選択

　ここまでは、「5種類ある従来の開発手法」を解説してきました。それらは一般的な開発手法であり、実績があります。さらに、コンピュータの進化と共に、図表2-2-1の下部に示した2種類の新たな手法も盛んに使われています。

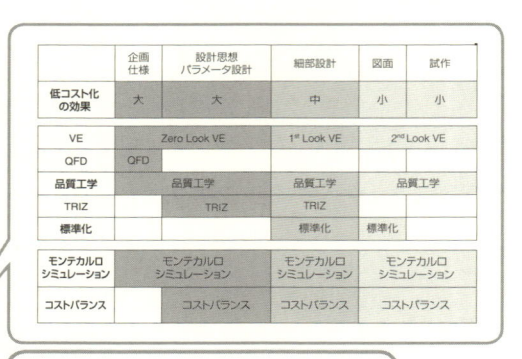

	企画仕様	設計思想パラメータ設計	細部設計	図面	試作
低コスト化の効果	大	大	中	小	小
VE		Zero Look VE	1st Look VE		2nd Look VE
QFD	QFD				
品質工学		品質工学	品質工学		品質工学
TRIZ		TRIZ	TRIZ		
標準化			標準化	標準化	
モンテカルロシミュレーション		モンテカルロシミュレーション	モンテカルロシミュレーション		モンテカルロシミュレーション
コストバランス		コストバランス	コストバランス	コストバランス	コストバランス

　厳さん！
　図表2-2-1ってこれでしたよね！

　おぉ……、あんがとよぉ。
　いっつも気が利くじゃねぇかい、**あん**？

超低コスト化力

> 二種類の新しい低コスト化手法がある。それは、「モンテカルロシミュレーション」と「コストバランス法」である。

　この二つは、ただ単純に低コスト化を追求するのではなく、特に、最適設計を目指して開発スピードと容易性に大きく寄与しています。

3-1-1. 品質とコストの両立ができない日本企業

　「品質とコストは両天秤」や「品質とコストは相反する」という言葉をよく耳にします。先輩達は何度か経験しているので、それを皆さんに説明するのですが、なかなか理解できない、ということはなかったでしょうか？

理解しにくいその理由は、経験があっても目で見ていないからです。
それでは、**図表3-1-1**で「トータルコストデザイン」を目で見てみましょう。

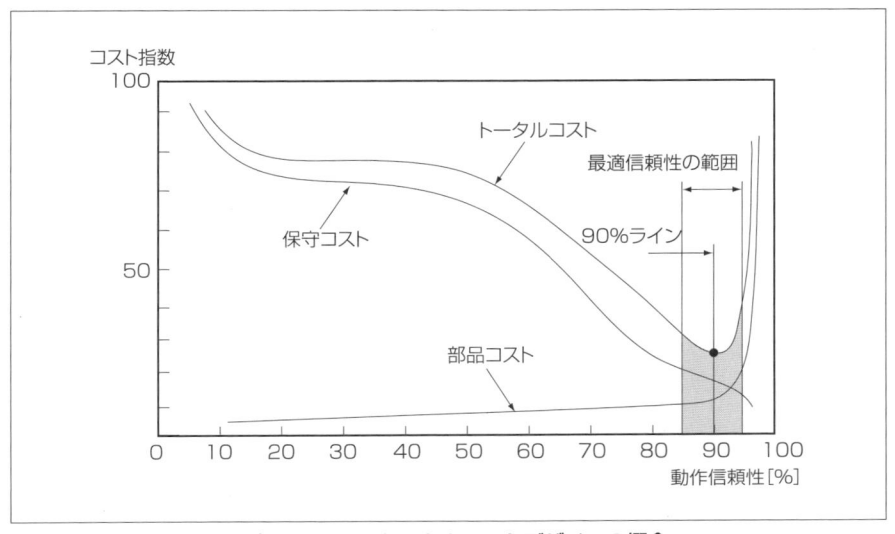

図表3-1-1　トータルコストデザインの概念
〔出典：ついてきなぁ！『設計書ワザ』で勝負する技術者となれ！（日刊工業新聞社刊）〕

　トータルコストデザインは、著者の書籍に何度か掲載しており、「くどい！」と思われる読者には、その理由を少々説明したいと思います。

　著者は、国内、韓国、中国の企業をクライアントとして、設計コンサルタントとして活動していますが、この「トータルコストデザイン」に関して、韓国と中国企業は、容易に理解して実行してくれます。しかし、日本企業では、あまり理解してくれません。その理由は以下の通りです。

① トータルコストデザインを頭の中では理解しているが、どうしても、部品だけのコストダウンに固執してしまう。
② 部品の購入元は何もせず、部品会社を締め上げる。（弱い者イジメ）
③ 上記のコストダウン要求値が尋常でない。

前記の②と③が支配的で、日本独特の慣習であると筆者は理解しています。
　その結果、日本の大企業で大規模な社告・リコールが発生し、何度も繰り返しているのです。また、最近は、その企業名が特定化していることが特徴です。

　それではもう一度、図表3-1-1で「トータルコストデザイン」を解説します。
　「品質とコストを天秤にかけて低コストのために品質を落とすようなことはしない」と豪語してきた日本の代表的な自動車企業が、近年、大規模なリコールを続発させ、収束の方向すら見えません。そこには、単品だけの低コスト化を追求する場合の「悪魔」が潜んでいたのです。

　その「悪魔」とは、……

　低コスト化設計と言えば、いきなり単品の低コスト化を議論しがちです。しかし、単品の低コスト化は期待する効果の反面、商品を不良にし、社告やリコールの原因ともなっています。単品の低コスト化には、常に「トータルコストデザイン」の概念を持っていなくてはなりません。

　そのキーセンテンスは、「90％ラインを超えるな！」です。

超低コスト化力
「品質とコストの両立」には、トータルコストデザインの概念が必須。キーセンテンスは「90％ラインを超えるな！」。

　前記の「90％ライン」は標語であり、業種や商品別で異なり、84％や93％の場合もあります。単品のコストを管理するのではでなく、トータルコスト（またはシステムコスト）として優先すべきが、「トータルコストデザイン（商標登録）」です。

　日本企業の場合、「品質の90％以上、コストの80％以上が設計段階で決定する」と言われますが、設計段階とは、つまり、出図前の設計プロセスです。
　図表3-3-1における一番下の曲線は、部品の単品コストもしくは、組立て部品のコストです。図中の「90％ライン」を右に行けば、部品コストの急上昇値と保守コストの低減値との合算であるトータルコストが急激に増加します。
　また、90％ラインを左に行けば部品コストは、なだらかな低コストカーブをたどる一方、保守コストが急激に上昇します。

そして、両者を合算したトータルコストが急上昇するという現象を説明する概念図となっています。ここで、部品コストしか見ない低コスト化設計は、非常に危険であることに気づいてほしいと思います。

　多くの日本企業で、この「トータルコストデザイン」へのアプローチが、まだまだ希薄に思える場合があります。今一度、設計の原点へ戻りましょう。

　ところで、部品会社を締め上げる「弱い者イジメ」や、尋常ではないコストダウンの要求は、韓国、中国も同じではないかと思われますが、筆者の経験からは、確かに韓国や中国でもありました。
　しかし、部品会社からの主張が強く、不満があれば何度も交渉を続けます。オリンピックの試合で、不服な判定に何度もクレームを主張するシーンからもそれを伺うことができるでしょう。

　したがって、日本企業のように「ダンマリ」や「泣き寝入り」は、ほとんど聞いたことがありません。日本に滞在する留学や社会人が、日本に来てまず学ぶ単語が、「しょうがない」や「しかたがない」だそうです。なんとなく、日本企業の「ダンマリ」や「泣き寝入り」が、ここからも想像できます。

「トータルコストデザイン」は……

「ついてきなぁ！『設計書ワザ』で勝負する技術者となれ！」（日刊工業新聞刊）でも、繰り返し強調している匠のワザですね！

当ったりめぇよ！

なんども言うが**よぉ**、
知識ではなく、もうそろそろ、実行に移してくれ**てぇ～**んだ。
隣国企業では、とっくに実行している**ぜぃ**！

　それでは、皆さん！「品質とコストの両立」に向けて、最適な設計を施し、がんばってください。……えっ！

第３章　新低コスト化手法の取捨選択

3-1-2. それでもできない！品質とコストの最適設計

「それでは、皆さん！品質とコストの両立」に向けて、最適な設計を施し、がんばってください。」……前記ページは、このセンテンスで終了しました。

えっ！……どうやってやるの？

項目2-5-5や項目2-6-2の「ちょいと茶でも」で登場した〇〇オタクや、ずる賢い講師や指導者は、「最適」という言葉をよく使います。最適な設計、最適な省エネ、最適なコスト配分、最適な機能、……しかし、その最適の具体例、そして、最適への手段や方法を教えてくれません。なぜなら、実務経験がないからです。失敗の経験がないから最適の真意がわからず説明できないのです。

それでは、本書のコンセプトゆえ、もう一度、トータルコストデザインを解説します。お付き合いください。

図表3-1-2は、図表3-1-1の最適化設計に関する最も重要な箇所の拡大図です。

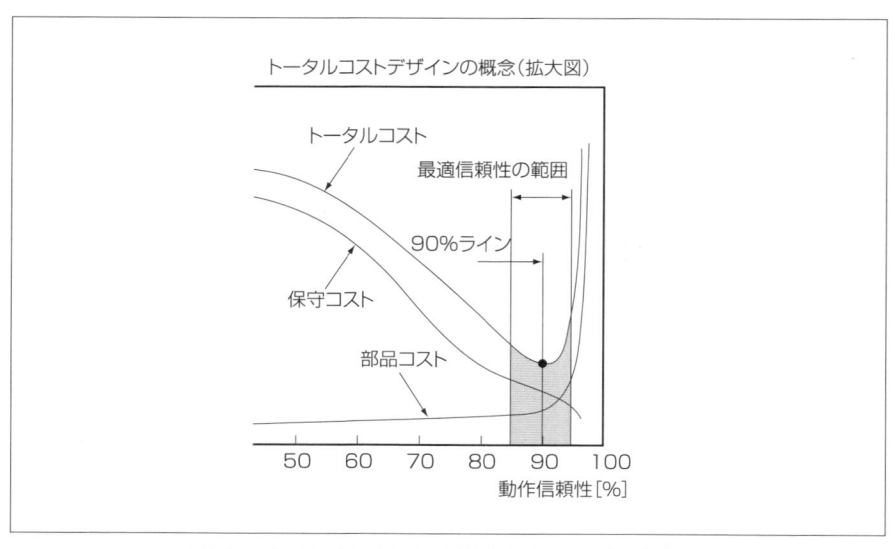

図表3-1-2　最適設計の範囲と90％ラインの詳細図

低コスト化設計とは、以下、図中の一番下に位置する「部品コスト」のグラフに注目してください。

① 部品や小組立て部品を限りなく低コスト化を施すと、気がつかないうちに部品交換や部品故障による保守コストが上昇する。
② そのとき、部品コスト＋保守コスト＝トータルコストであるが、そのトータルコストが上昇する。
③ 最悪の場合、人命や財産の損失を伴う社告・リコールへと発展する。
④ 日本を代表する自動車会社や大手の家電企業が、それを反面教師として証明した。

⑤ 事例：

> ・車のイグニッションスイッチ回路で、約3円の電気抵抗を省いて72万台のリコール。
> ・シュレッダーのコンパクト化で、2歳の幼女が指9本を切断。
> ・湯沸かし器のバーナーを4本から3本へ変更し、一酸化炭素中毒死。
> ・大衆車に安価なアクセルペダルを採用し、ペダルの踏み込みが戻らず、230万台のリコール。
> ・二層式洗濯機の安全蓋で、安価なスイッチに水滴が入り、脱水層の回転停止が作動せず。洗濯中の主婦の指がもぎ取られる。
> ・FFファンヒータの安価なゴムホースが割れて一酸化炭素中毒死。
> ・安価な樹脂ケースのTV取っ手が破損し、足に落下。

⑥ 逆に、高信頼性を追及していくと、部品コストは急上昇する。
⑦ そのとき、保守コストは低下するが、部品コスト＋保守コスト＝トータルコストで、そのトータルコストが急上昇する。
⑧ 事例：

> ・米国NASAのスペースシャトルが、高額の予算を必要とするあまり「中断」、もしくは、「中止」となった。スペースシャトルの地球帰還率は、「99.9999％」で設計されている。
> ・かつてのICのセラミック製パッケージ（現在は樹脂製が主流）
> ・高圧防水腕時計

⑨ 最適信頼性の範囲、つまり、「最適な設計範囲や、90％ラインの近傍に設計しよう！」と言っても、それは掛け声だけ。概念だけ。

いったい、どうやってそれを達成すればよいのでしょうか？

気合いでやりますか？「カン（勘）ジニア精神」でやりますか？ それともお得意の「我流、オレ流」でやりますか？

最適な設計に持ち込むためには道具（開発手法）が必要です。その道具（開発手法）を、**図表3-1-3**に抜き出してみました。

	特徴	トータルコストデザインに必要な開発ツール	解説
VE	トータルコストデザインの最適化ツール	■	済
QFD	過剰品質や過剰機能を回避し、設計品質の優先順位を設定するツール	―	済
品質工学	過剰品質や過剰機能を回避し、設計品質の優先順位を設定するツール	―	済
TRIZ	低コスト化のアイデアを抽出するツール	―	済
標準化	共通化、標準化による量産効果で低コスト化を実現する手法		済
モンテカルロシミュレーション	トータルコストデザインの最適化ツール	■	以降
コストバランス	トータルコストデザインの最適化ツール	■	以降

図表3-1-3　各種開発手法とトータルコストデザインへの対応

低コスト化開発手法は、「5＋2」種類が存在すると解説してきましたが、品質とコストの両立化、品質とコストとの最適化、つまり、トータルコストデザインを実施するための開発手法は、「VE」、「モンテカルロシミュレーション」、「コストバランス法」の三つしかありません。

超低コスト化力

トータルコストデザインに必要な開発手法は、VE、モンテカルロシミュレーション、コストバランス法の三つしかない。

3-1-3. 大黒柱を削って屋根が落ちる

第2章の項目2-3-2で解説した「コストダウン手法とVE手法の違い」を覚えていますか?

前者は、部品の薄肉化や一体化を繰り返して低コスト化を推進し、後者は、部品コストではなく、部品の価値や機能に関してシステム的に低コスト化を遂行する手法です。

現行商品(部品)の低コスト化活動において、多くの設計者がコストダウン手法を採用しますが、実は、最大10%ダウンが限度です。しかも、この10%は量産開始までに努力を重ね、ネタは使い尽くしているはずです。したがって、設計者は禁じ手の設計変更に着手することになります。

このような状況を、「大黒柱を削って屋根が落ちる」と表現します。
設計職人としてのキーセンテンスです。

超低コスト化力

現行品のコストダウンで10%を超えると禁じ手の設計変更に着手する。これを、「大黒柱を削って屋根が落ちる」と表現する。

つまり、後に屋根が落ちることを知らずに、禁じ手の大黒柱を削ってしまうのです。筆者の苦い経験を以下に示します。

① 材料の減肉化で強度低下
② 材料の低級化で強度低下、外観不良
③ 異種材料への転化で腐食発生
④ 固定ネジ数や溶接箇所の削減で強度低下
⑤ 仕入先への責任転嫁で不良率増加
⑥ 仕入先変更で不良率増加

これらの共通点は、安易な「品質の低下」で括れます。まさしく、Q(Quality、品質)とC(Cost、コスト)の設計バランスが問題でした。

工業界をはじめ、どの業界も景気にかかわらず、常に高品質(Q:Quality)と低コスト(C:Cost)と短期開発(D:Delivery)が要求されてきました。その要求は、将来も不変です。

3-2　Ⅵ：なんでもできるモンテカルロシミュレーション

　トータルコストデザインに必要な開発手法の一つが、本項のモンテカルロシミュレーション、もしくは、モンテカルロ法です。この手法について解説します。

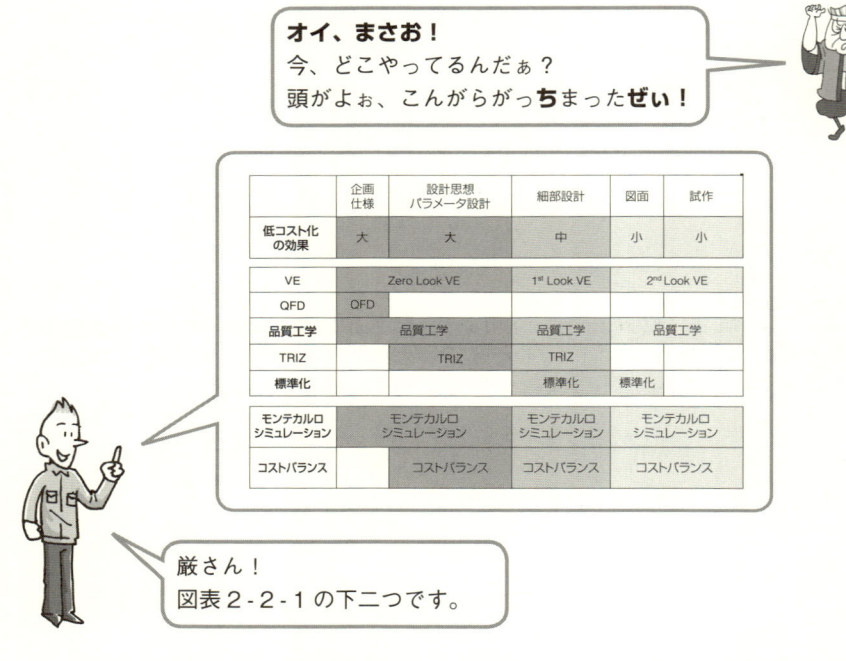

> オイ、まさお！
> 今、どこやってるんだぁ？
> 頭がよぉ、こんがらがっ**ち**まった**ぜい**！

	企画 仕様	設計思想 パラメータ設計	細部設計	図面	試作
低コスト化 の効果	大	大	中	小	小
VE		Zero Look VE	1st Look VE	2nd Look VE	
QFD	QFD				
品質工学		品質工学	品質工学		品質工学
TRIZ		TRIZ	TRIZ		
標準化				標準化	標準化
モンテカルロ シミュレーション	モンテカルロ シミュレーション	モンテカルロ シミュレーション		モンテカルロ シミュレーション	
コストバランス		コストバランス	コストバランス	コストバランス	

> 厳さん！
> 図表2-2-1の下二つです。

　モンテカルロ法という理論を基に、高速コンピュータを駆使した図面不要のコスト見積り法です。部品点数が、10の5乗はあるといわれている大型コンピュータや原子力発電所、航空機、大型タンカーなどの低コスト化手法としては欠かせない手法です。

　汎用のソフトウェアは、市販されていません。

　恐らく、各企業が独自にソフトウェアを開発し、それを機密扱いにしているのだと思います。

　それでは、恒例となりました。
　厳さんとまさお君に、課長と部下という想定で、モンテカルロシミュレーションとは何かを解説してもらいましょう。

厳さん！
たまには10の3乗商品[注1]のように、開発初期から部品コスト表を作成し、部品一点一点をキチンとコスト管理してみませんか？

注1：部品点数が、1000個から9999個でできている商品。デジカメは500点数、卓上型白黒レーザプリンタは3500点、高級ガソリン乗用車は50000点。

異業種や他業種をベンチマーキングすることは、良いことじゃねぇかい。感心、感心！ しっかしよぉ、よく考えてみろ。俺たちの超高速電算機用レーザプリンタはよぉ、10の4乗商品[注2]でなぁ……

注2：部品点数が、10000個から99999個でできている商品。隣国自動車の場合、高級ガソリン乗用車は、50000点。それがEV（電気自動車）になると5000点となる。

高速電算機用レーザプリンタとは、……
・8000万円/台〜1億円/台
・印刷処理スピードが、900 mm/秒
・開発技術者は、出向している研究所員も含めてたった24名
・おまけに、設計開始から1.5年で市場導入

です。

んだからよぉ、……
開発初期からの部品コスト表は作成できねぇし、開発初期の部品コスト表がベストケースとは限らねぇだろがぁ？ あん？

部品コスト表よりも、「最適な設計バランス」を、モノを作る前に構築することに設計の重きを置いているのですね。
技術者が24名しかいないから、それをコンピュータで分析してしまうのですね？ 僕もそのソフトウェアがほしいなぁ。

第3章 新低コスト化手法の取捨選択

> **超低コスト化力**
> 部品点数が10の4乗以上の商品の場合、品質とコストの最適化は、モンテカルロシミュレーションで実施している。

多くの部品点数よりなるシステム商品の製造コストを見積ることが、システム設計段階で必要になります。図面が完成し、量産が開始されていれば、もちろん、コスト計算ができます。

しかし、部品点数が10の4乗以上などという場合、設計段階でのコスト把握は容易ではありません。むしろ、不可能です。

その部品点数ですが、例えば自動車は10の4乗、大型コンピュータや大型航空機は10の5乗といわれています。したがって、あまり細かいコスト見積りをすると、そのために多くの労力を投入しなければなりません。

そこで、各部品のコストは、正規分布、または対数正規分布を成すことがすでに明確になっていますので、その合計をモンテカルロシミュレーションで求めます。

次に、システム商品のコストにおける前記分布上の、……
　① 最大値
　② 平均値
　③ 最小値
を予測計算します。

そして、何通りかの最適ケースを提示させ、最後はコンピュータではなく、人間が最適なケースを選択します。

3-2-1. 身近にあるモンテカルロシミュレーション

ところで、厳さん！
モンテカルロという言葉ですけど、ずいぶんと重厚感のある言葉ですね。はっきり言うと、とっつきにくいですよね。

オレサマも、そう思っていたぜぃ。しかしよぉ、明日の天気予報、明日の円相場、明日の株価予想など、これらすべてがモンテカルロシミュレーションで計算しているんだぜぃ。詳しいだろう。

あっ！ 僕も聞いたことがあります。あれが、モンテカルロシミュレーション、別名、モンテカルロ法だったのですね。もちろん、それを動かしているのは、スーパーコンピュータだと、気象庁の専門家が言っていました。[注]

注：昔の天気予報は、「明日は雨が降るでしょう」という現象のみの予想だった。しかし、最近の天気予報は、モンテカルロシミュレーションを応用しているので、「明日は雨が降るでしょう。その雨の降る確率は40％です」といった数学的な確率論で表現される。

部品点数が、10の4乗や10の5乗と聞いただけで、それらは大企業の商品であると容易に推定できます。

第1章の項目1-2では、「日本の企業の99％は中小企業、本書は99％のために執筆した」と宣言しました。したがって、本項のモンテカルロシミュレーションは、これくらいで打ち切りたいと思います。

厳さん！
日本の大企業も、低コスト化で元気になってほしいですよね？

べらんめぇ！

モノづくりに**よぉ**、大企業も中小企業もねぇだろがぁ、**あん？**
モノづくりとはなぁ、真心とワザの融合。それを助けるのが道具だぁ！ 覚えておけ、**これは命令だ！**

第3章 新低コスト化手法の取捨選択

3-3　Ⅶ：中1数学で実践するコストバランス法

いよいよ、「5＋2」種類ある低コスト化開発手法の最後が、「コストバランス法」です。
　これは、品質とコストをシステム的にバランスを取りながら設計する方法で、非常に簡単な手法であり、筆者推奨、効果大の手法です。学問ではありません。筆者のような設計職人が使う道具（開発手法）です。

　「技術者の四科目と主要三科目」……覚えていますか？ 第1章の項目1-3-2の「ちょいと茶でも」で紹介しました。「技術者の四科目」とは、Q（Quality、品質）、C（Cost、コスト）、D（Delivery、期日）、Pa（Patent、特許）です。このうちの「Q」と「C」の設計バランスを施し、コストパフォーマンスの高い商品の設計、その設計力があなたに求められています。

　また、かつて「D」は「期日、納期」と訳していましたが、現在は「開発スピード」と訳す時代、そして、「開発スピード」と訳せない企業が急激に衰退したことを解説しました。
　今求められている前述のQCDをすべて満たしてくれる低コスト化開発手法が、「コストバランス法」です。

> **超低コスト化力**
> QとCの設計バランスを可能にし、Dを開発スピードと訳す時代にふさわしい低コスト化開発手法が、コストバランス法である。

3-3-1. コストバランス法の概念

　「品質（Q）とコスト（C）の最適化を図る」……筆者が若手技術者のころ、このせりふを何度聞いたことでしょう。最適化といってもどうやるのでしょうか？ また、最適の状態をどうやって図るのでしょうか？
　「最適化」……実は、専門書や指導者が使う逃げの言葉です。しかも、日本における独特であり、かつ、あいまいな言葉です。

　最適設計の「見える化」、つまり、コストと質量のバランスをもって、品質とコストの両立に当てはめ、最適を「見える化」にしたのがコストバランス法（商標登録）（以下、CB法と呼ぶ）です。

この設計概念を、子供が遊ぶ独楽（こま）をもって説明しましょう。

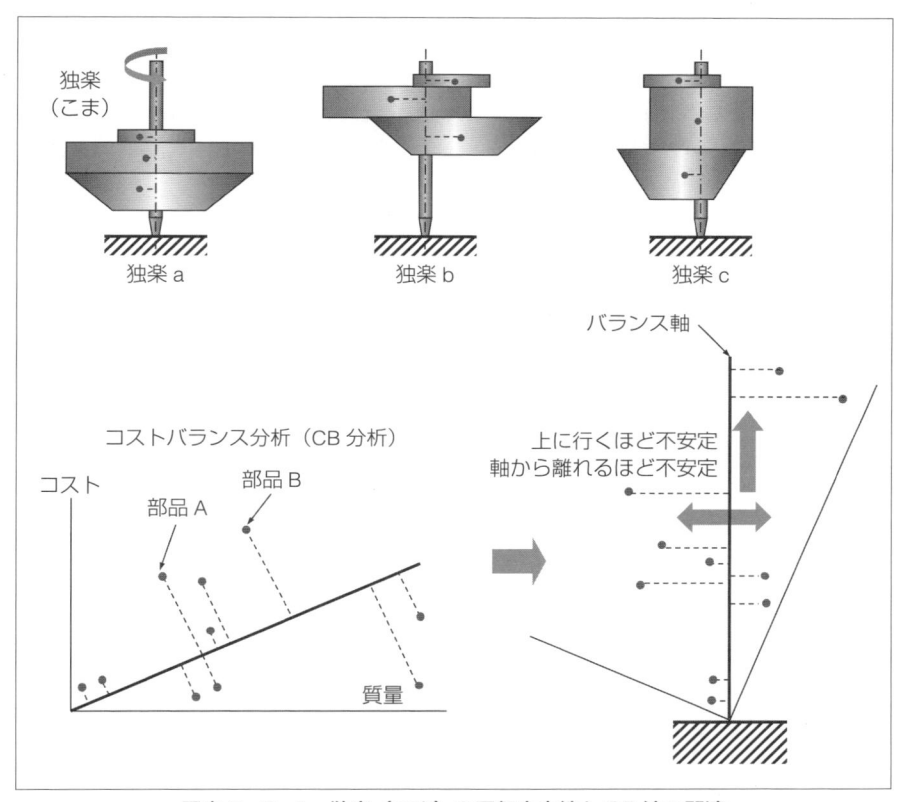

図表3-3-1　独楽（こま）の回転安定性とCB法の関連

　図表3-3-1に示す独楽aは、各部の構成円盤が地面に近く、さらに重心が回転軸近傍にあり、一見して安定回転していることが伺えます。
　しかし、独楽bや独楽cはその逆で、回転中に大きく振動し、直ぐに停止して倒れると容易に予測できます。

　この独楽の各構成円盤の重心位置を、商品の構成部品のコスト（Y座標）と質量（X座標）で決定する位置と考え、図中の「バランス軸」を垂直に立てたときの独楽と考えます。この独楽の回転安定性がかねてから難儀であった「最適化」であり、最適設計の「見える化」です。

第3章　新低コスト化手法の取捨選択

> **超低コスト化力**
> 最適化とは、専門書や指導者が使う逃げの言葉。最適への具体的な方法と、最適状態の判断方法を質問すべし。

> **超低コスト化力**
> コストと質量のバランスを以って、品質とコストの両立に当て嵌め、最適を「見える化」にしたのがコストバランス法。

独楽（こま）とバランスねぇ、
おもしろそうじゃ**ねぇ**かい、
気に**いっ**ちまった**ぜぃ**！

厳さん、僕にも簡単に理解できました。
早速、協力会社へ行って、指導してきます

3-3-2. 事例：レーザプリンタのレーザ部品はコスト上の難題

「超低コスト化手法」とも呼ばれているコストバランス法（CB法）は、その分析方法や「見える化」の工夫で、コストバランス分析（CB分析）とコストモーメント分析（CM分析）に分けます。

まずは、**図表3-3-2**に示す汎用のレーザプリンタを例にCB分析を解説します。

> **超低コスト化力**
> コストバランス法には、コストバランス分析（CB分析）と、コストモーメント分析（CM分析）が存在する。

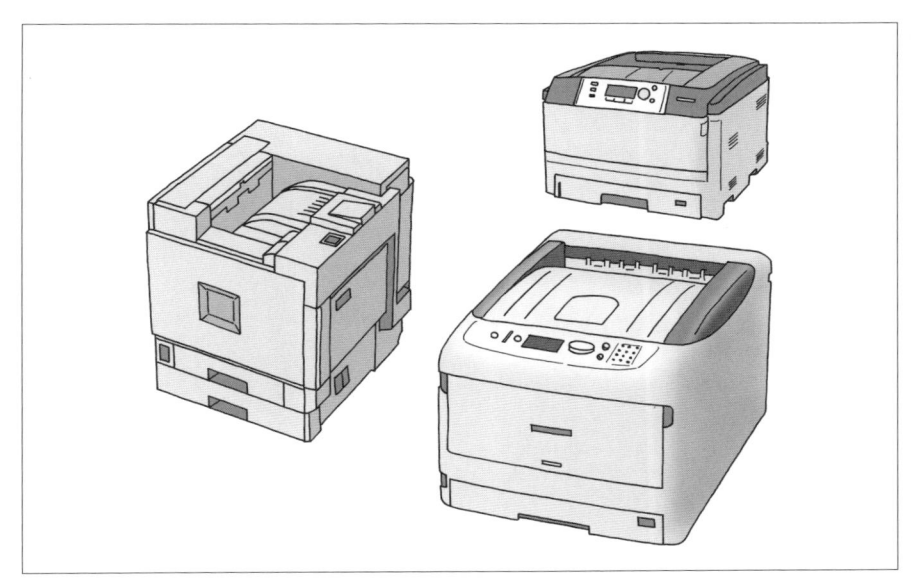

図表3-3-2　各社のレーザプリンタ

早速、**図表3-3-3**のCB分析を見てください。
これは、安定して量産されているレーザプリンタであり、$Y = aX$のバランス軸を中心軸として、各構成部品は安定回転に寄与していると考えます。

ここで、傾き$a =$（レーザプリンタの総コスト）/（同、総質量）であり、コスト及び質量の変動があれば常に変化する値です。
このバランス軸の周辺に、構成部品のコスト（Y座標）と質量（X座標）で決定する位置をプロットしたのが図表3-3-3に示すCB分析です。

厳さん！
なんか、むずかしくないですか？

でぇじょうぶだぁ、まさお！

次の第4章は、詳しく解説がある**ぜい**。
それによぉ、むずかしいっていってもよぉ、
中1の数学じゃねぇかい！
んだから、オイラに、……
ついてきなぁ！

第3章　新低コスト化手法の取捨選択　129

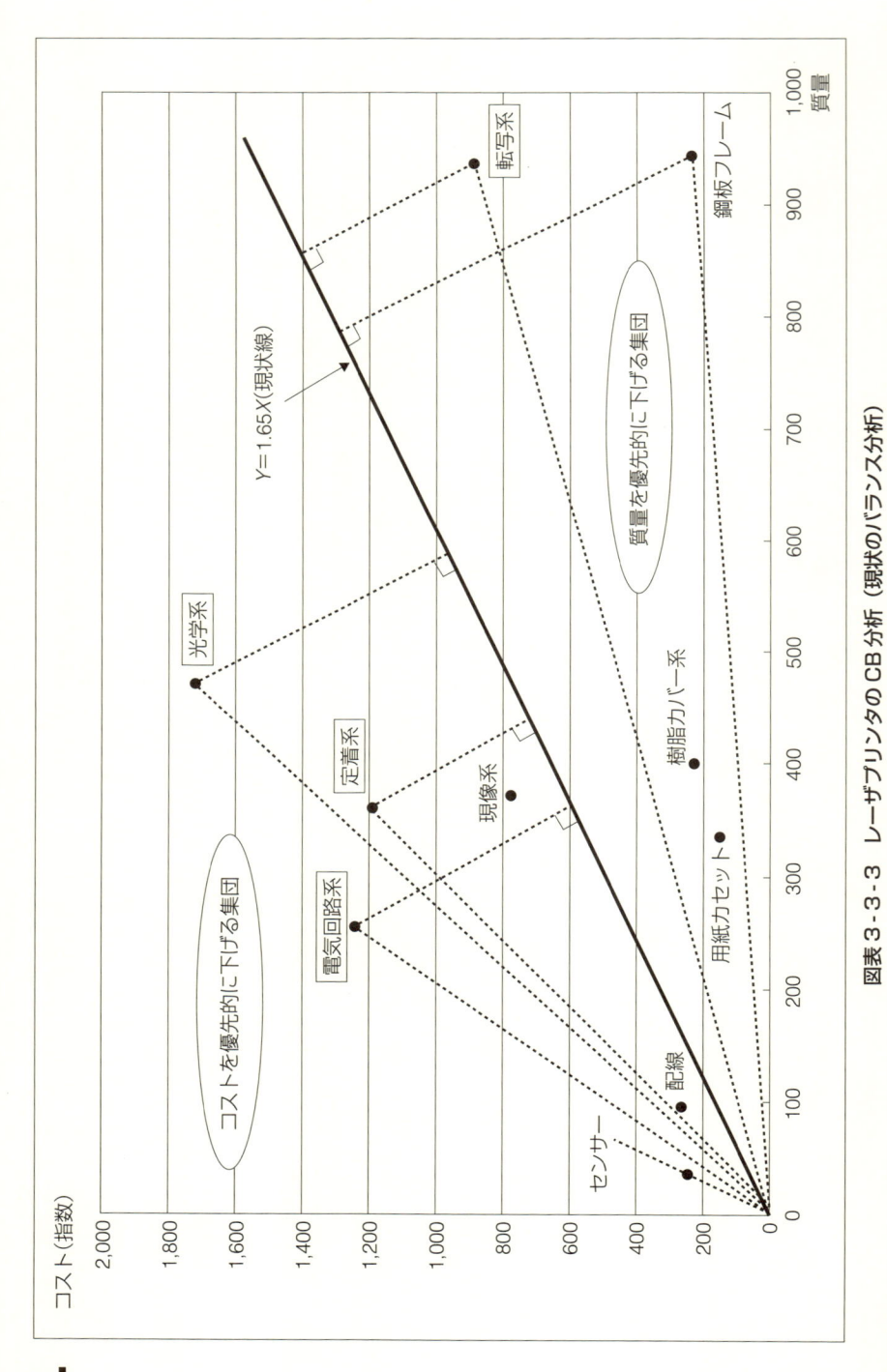

図表3-3-3 レーザプリンタのCB分析（現状のバランス分析）

一方、梁（はり）における曲げモーメントの要領で、バランス軸に沿った距離とバランス軸からの垂直距離を乗じた分析法は、**図表3-3-4**に示すコストモーメント分析（CM分析）と称します。

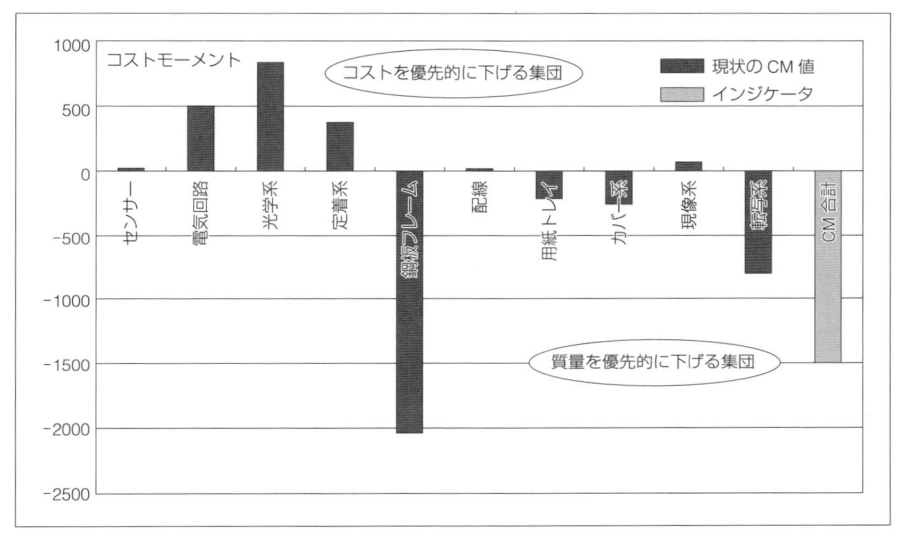

図表3-3-4　レーザプリンタのCM分析

　この先も、ちょっと難解な解説になりますが、先ほどの厳さんが言っているように、次の第4章では、やさしく解説するとともに、図表3-3-3や図表3-3-4のグラフも自動で描けるエクセルソフトも提供しますので、もう少し我慢してください。
　さて、CB分析におけるバランス軸[注]は、CM分析のY＝0軸に変換され、各構成部品は上下（＋／－）に配置されます。このCM分析の特徴として、一つの構成部品には、Y＝0軸を境界にして、カウンタバランスの構成部品が存在することを意識させています。注：図表3-3-1参照。または、図表3-3-3における太い線のこと。

　一方、CM分析の右端の「CM合計」は、各構成部品のCM値の総和であり、レーザプリンタ全体（以下、システムと呼ぶ）の総アンバランス量を示し、「バランス・インジケータ」と呼んでいます。
　さらに、図表3-3-3のCB分析および、図表3-3-4のCM分析のそれぞれに、バランス軸及び、Y＝0軸を境界にした「コストを優先的に下げる集団」と「質量を優先的に下げる集団」を表記しています。

第3章　新低コスト化手法の取捨選択

これは、新商品の開発時などにシステム全体で低コスト化活動を実施する際、CM合計の「0（ゼロ）」に向かって各部品毎に優先すべき低コスト化の方向性を示唆しています。
　まさしく、最適化を「見える化」にしたCB法最大の特徴です。

3-3-3. 何でもバレてしまうコストバランス法
　CB法のアンバランス量が示す、設計上の予想不具合を以下に示す**図表3-3-5**にまとめました。

No.	コストアンバランスの分類	アンバランスが示唆する内容
1	設計未達	要求仕様に対して、設計的に未達ではないのか？
2	過剰設計	要求仕様に対して、過剰設計（過剰品質）ではないのか？
3	コスト設定不適	適材適所に適切なコストを配分していないのでは？
4	コスト隠し	故意にコストを隠していないか？もしくは、気づかぬミスやコスト設定ミスがあるのでは？ 理解できない経費を上乗せしていないか？
5	ダイエット過度	品質を無視したコストダウンをしていないか？
6	性能低下	気づかぬ性能低下、品質低下を招いているのではないか？
7	活動不充分	低コスト化活動が浅いのでは？　不十分ではないか？
8	思い込み	これがコスト標準と思い込んでいないか？　思い込まされていないか？

図表3-3-5　CB法のアンバランスが示唆する設計上の懸念点

　事例におけるコストバランス法（CB法）は、コストと質量に相関があって初めて成立します。質量と相関のない業種では、コストと何らかの相関を有する要因を見つけ出すことが必要です。コストがある限り、必ず存在します。

　例えば、コストと時間に相関があるJIT（Just In Time）を導入した生産ラインや工期短縮を目指す土木建設業が、CB法でさらなるコストダウンを望むならば、コストを決定づける要因を明確にします。一つとは限りません。複数あれば、それだけ検討する方法がいくつも存在するという意味です。

> **超低コスト化力**
> CB法は、コストと何らかの相関を示す要因間で使用できる低コスト化手法である。

　CB法は、VEや品質工学とは異なる視点で、より一層の低コスト化が最適設計を維持しながら実行できます。また、即効性をもって図れる唯一の開発手法であると確信します。

　CB法は戦略的な低コスト化設計手法として使用するのが本筋です。例えば、前任機の2割減、競合機に対して2割減の低コスト化商品を新規開発するときのコスト戦略法として有効な戦略手法です。

> **オイ、まさお**、よく聞け！
> プロの職人とはなぁ、道具を選ぶことからプロなんだ**ぜぃ**！
> わかったら「ハイ！」と言え！

> ハイ！厳さん、わかりました。
> 設計職人として、もっと、プロ意識を磨きます。
> そして、後進の「鏡」となることを目指します

3-3-4. 低コスト化手法に関するコンセンサス

　ここまで、「5＋2」種類の低コスト化開発手法を解説してきました。インフォームドコンセント、あっ、間違えました、あなたへのコンセンサスが得られたと思います。

　これらの低コスト化手法の得手不得手を知って、その中の一種を「指定」できる目利きが重要です。それが、学者ではない、道具の使い分けができる設計職人です。

　各種の手法は、どれも優れた手法ですが、最適解はどれも同じとはいきません。各種の手法が開発された年代も大きく異なりますし、様々な国の学者や識者がそれぞれの国の文化が求める最適なものに解を導いています。

超低コスト化力・チェックポイント

【第3章における超低コスト化力・チェックポイント】
　第3章における「超低コスト化力・チェックポイント」を下記にまとめました。理解できたら「レ」点マークを□に記入してください。

〔項目3−1：二つの新しい開発手法を取捨選択〕
　① 二種類の新しい低コスト化手法がある。それは、「モンテカルロシミュレーション」と「コストバランス法」である。　□

　② 「品質とコストの両立」には、トータルコストデザインの概念が必須。キーセンテンスは「90%ラインを超えるな!」。　□

　③ トータルコストデザインに必要な開発手法は、VE、モンテカルロシミュレーション、コストバランス法の三つしかない。　□

　④ 現行品のコストダウンで10%を超えると禁じ手の設計変更に着手する。これを、「大黒柱を削って屋根が落ちる」と表現する。　□

〔項目3−2：Ⅵ：なんでもできるモンテカルロシミュレーション〕
　① 部品点数が10の4乗以上の商品の場合、品質とコストの最適化は、モンテカルロシミュレーションで実施している。　□

〔項目3-3：Ⅶ：中1数学で実践するコストバランス法〕

① QとCの設計バランスを可能にし、Dを開発スピードと訳す時代にふさわしい低コスト化開発手法が、コストバランス法である。　□

② 最適化とは、専門書や指導者が使う逃げの言葉。最適への具体的な方法と、最適状態の判断方法を質問すべし。　□

③ コストと質量のバランスを以って、品質とコストの両立に当てはめ、最適を「見える化」にしたのがコストバランス法。　□

④ コストバランス法には、コストバランス分析（CB分析）と、コストモーメント分析（CM分析）が存在する。　□

⑤ CB法は、コストと何らかの相関を示す要因間で使用できる低コスト化手法である。　□

チェックポイントで70％以上に「レ」点マークが入りましたら、4章へ行きましょう。

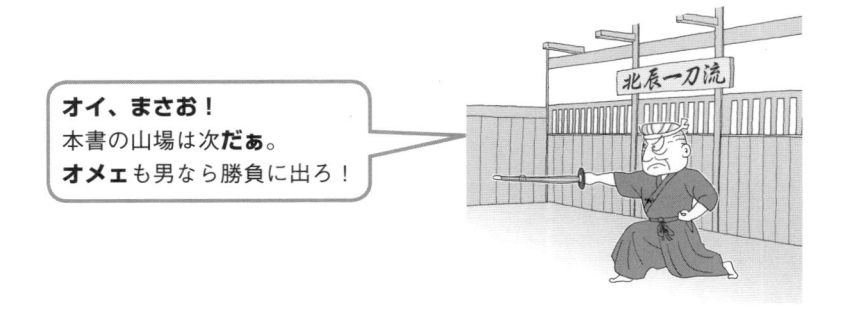

オイ、まさお！
本書の山場は次だぁ。
オメェも男なら勝負に出ろ！

厳さん！
プロの世界は一発勝負。
ここで勝負に出ます。

第3章　新低コスト化手法の取捨選択

第4章
これならできる！コストバランス法

- 4-1　開発手法に関するインフォームドコンセントの完了
- 4-2　「これ以上の低コスト化はできない！」の見える化
- 4-3　事例：競合機分析から自社商品の実力位置を知る
- 4-4　事例：自社商品の鉛筆削り器を徹底的に低コスト化
- 4-5　鉛筆削り器の30％コストダウンへの具現化
  〈超低コスト化力・チェックポイント〉

オイ、まさお！

これでやっと、低コスト化開発手法の**インフォームドコンセント**が終了した**ぜい**。

ちょいと疲れただろう、**あん**？

厳さん！
その単語は、医者や病院内での言葉です。
私たち設計職人は、「**コンセンサス**」っていうんですよ。

【注意】
第4章に記載されるすべての事例は、本書のコンセプトである「若手技術者の育成」のための「フィクション」として理解してください。

第4章 これならできる！コストバランス法

4-1 開発手法に関するインフォームドコンセントの完了

　がんの治療法は、大きく分類して「内視鏡治療」、「放射線治療」、「化学療法」、「外科手術」、「免疫療法」などがあります。あるがん患者に十分な検査を施したあと、最適な治療法が、「内視鏡治療」と判明した場合、その主治医は、患者に対してあらゆる治療法の存在、その得手不得手を説明し、その中から最適な「内視鏡治療」を選択した過程を説明します。

　一方、患者は十分な質疑応答と納得した上で、「同意」のサインを書類に記述します。患者にその判断が不可能な場合は、家族が同意とサインを代行します。この医療行為を、「インフォームドコンセント（同意）」と言います。インフォームドコンセントを一般用語に置き換えると、「コンセンサス（同意）」となります。

　さて、話題を低コスト化手法に戻します。

　第2章の図表2-1-3で示したように、低コスト化開発手法には、「5＋2」種類の手法が存在し、本書では第2章と第3章で解説してきました。

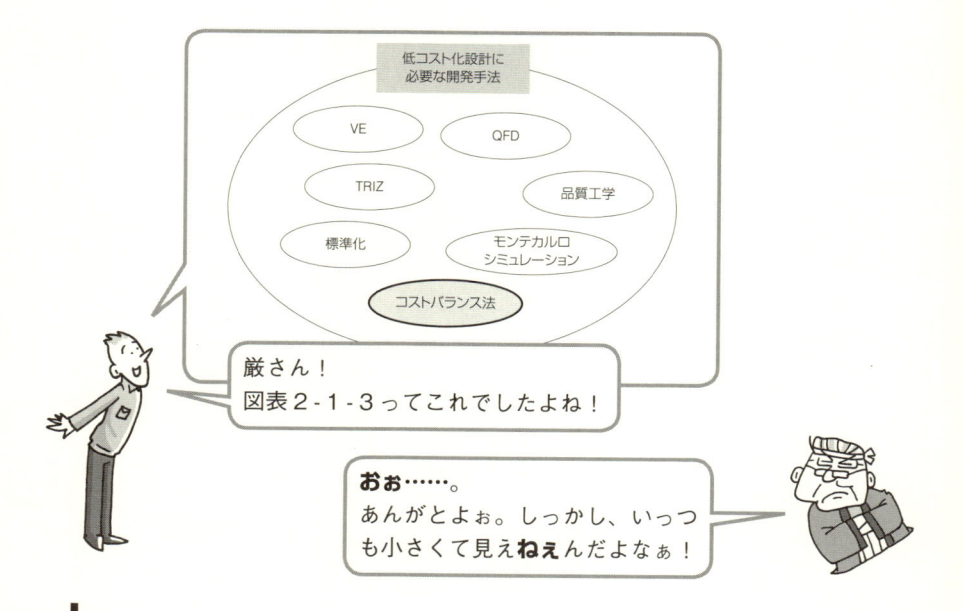

低コスト化設計に必要な開発手法
- VE
- QFD
- TRIZ
- 品質工学
- 標準化
- モンテカルロシミュレーション
- コストバランス法

厳さん！
図表2-1-3ってこれでしたよね！

おぉ……。
あんがとよぉ。しっかし、いっつも小さくて見え**ねぇ**んだよなぁ！

第2章と第3章の解説を通して、筆者としては、十分なインフォームドコンセント、いや間違えました、コンセンサスが得られたと確信します。
　その相手は、日本企業の99％を占める中小企業、そして、あなたです。残念ながら、残1％の大企業へのコンセンサスは取れないと思います。

　そのコンセンサスのアイテムとは、「コストバランス法」です。

　本書はこの先、99％の中小企業とあなたへ、2割3割ダウンは当たり前のコストバランス法を「最適な低コスト化手法」して解説していきます。

> **超低コスト化力**
> 日本企業の99％を中小企業が占める。これらの企業に最適な低コスト化開発手法は、「コストバランス法」である。

4-1-1. 中1数学を駆使するコストバランス法

　それでは、簡単な復習として、第3章の項目3-3を読んでください。項目3-3のサブタイトルは「中1数学で実践するコストバランス法」でした。

　第3章の項目3-2-2で、僕は言いました。「厳さん！　なんかむずかしくないですか？」と。
　そしたら、厳さんは「中1の数学だ」と言いましたよね？

　おぉ、そう言ったぜぃ。それがどうした？
　なぜ、「中1の数学」かってんだろ？　そいつぁ、「XYのグラフ」しか出てこねぇからよぉ、そうだろがぁ？　あん？

　あっ、……
　まぁ、そうですけれど。

　それでは、「中1数学」を駆使して事例を解説しましょう。

4-2 「これ以上の低コスト化はできない！」の見える化

厳さん！この鉛筆削り器の低コスト化を実施するのですか？
もう無理ですよ。昔からこのスタイルですし、完璧にデザインも方式も材料も、すべて定着していますから。

おぉ、そうかい。
最近の若けぇヤツらはよぉ、すぐに諦めまうから性質（たち）が悪いときたもんだぁ！

① もうこれ以上、運べません。⇒ 台車があれば運べます。
② もうこれ以上、切れません。⇒ ハサミやノコギリがあれば切れます。
③ もうこれ以上、登れません。⇒ 梯子（はしご）があれば登れます。
④ もうこれ以上、走れません。⇒ 自転車があれば走れます。
⑤ もうこれ以上、食べられません。⇒ え〜と……？

筆者は、前述で何が言いたいのか気がつきましたか？
人々は、「何々ができない」とすぐに諦めがちですが、道具があれば、もう一度チャレンジしてみようとか、長々と同じ作業を継続することができます。
しかし、⑤の場合、道具がありません。したがって、食べ続けることはできないのです。

4-2-1. 低コスト化不可能を目で確認

図表4-2-1は、手動鉛筆削り器（以下、鉛筆削り器）のコストバランス法による分析結果です。あえて、図表の下半分をスモーク処理しています。分析の作成方法や詳細な解説は、後の項目で記載しますが、まず、図表の上半分に注目してください。

図中の左から、「回転刃シャフト」や「回転刃」や「インナーギア」などの鉛筆削り器の各構成部品が記載されています。

次に、図表の中央付近に、「コストを優先的に下げる集団」という文字があります。そこは、コストを優先的に下げる集団のはずですが、低コスト化対象の構成部品が見当たりません。この状態が、前項目における「もう低コスト化できない！」や「最近の若手技術者は、すぐに諦めてしまう」に相当します。

かねてから、鉛筆削り器の技術者は、低コスト化活動を継続的に実施しており、怠けているわけではないのです。しかしこれ以上、低コスト化に関する名案が浮かばないのです。

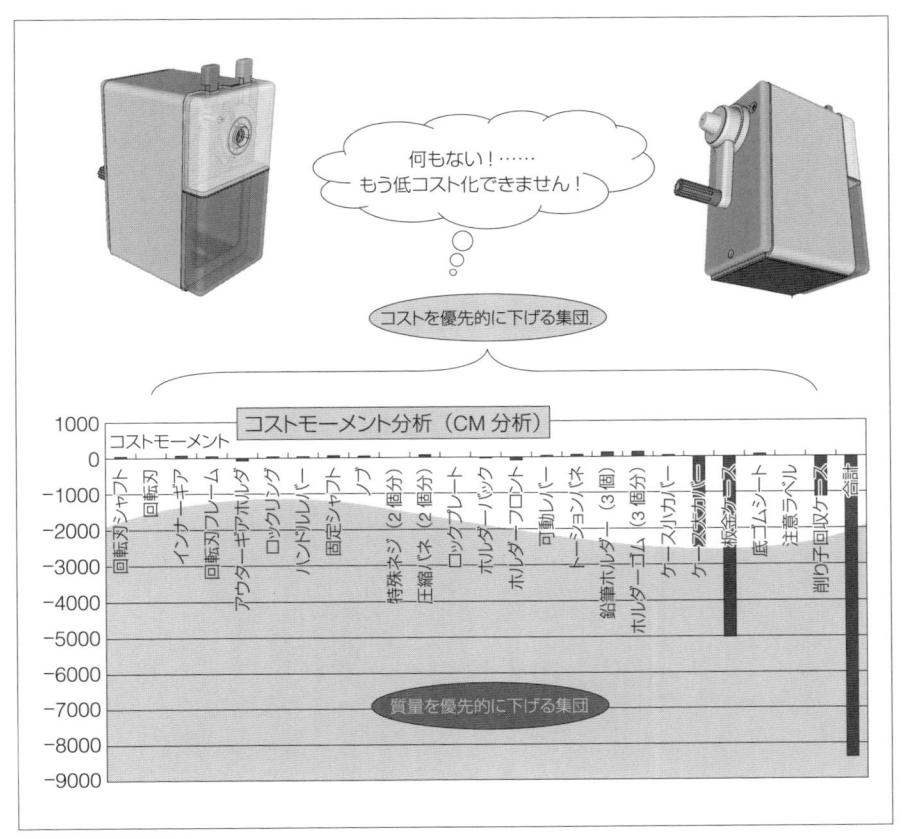

図表4-2-1 「これ以上の低コスト化はできない！」の見える化

「もう低コスト化できない！」の状態を目で確認できたと思います。これを、「見える化」と言います。いくら言葉巧みに説明しても難解でしょう。この「見える化」により「これ以上は不可能！」と、やる気のない技術者のごまかしは効かなくなります。

第4章 これならできる！コストバランス法

4-2-2. 鉛筆削り器の詳細構造を知る

低コスト化手法を実行するためには、**図表4-2-2**もしくは、**図表4-2-3**に示す全構成部品のQCDPaをメンバー一同、理解しておく必要があります。

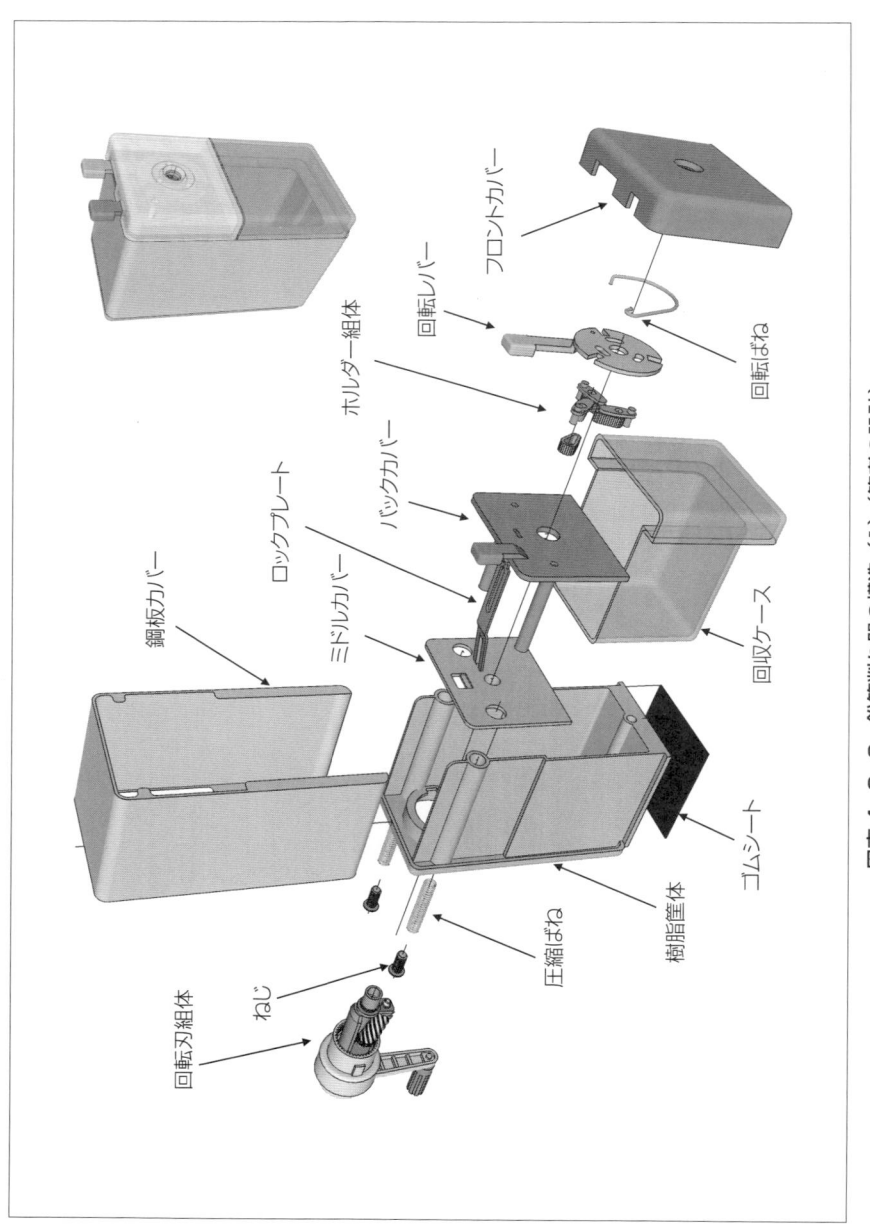

図表4-2-2 鉛筆削り器の構造（1）（筆者の設計）

筆者は度々、設計を料理に、設計者を料理人に例えます。技術者は、すべての「味」を熟知している料理長である必要があります。これが職人の世界です。

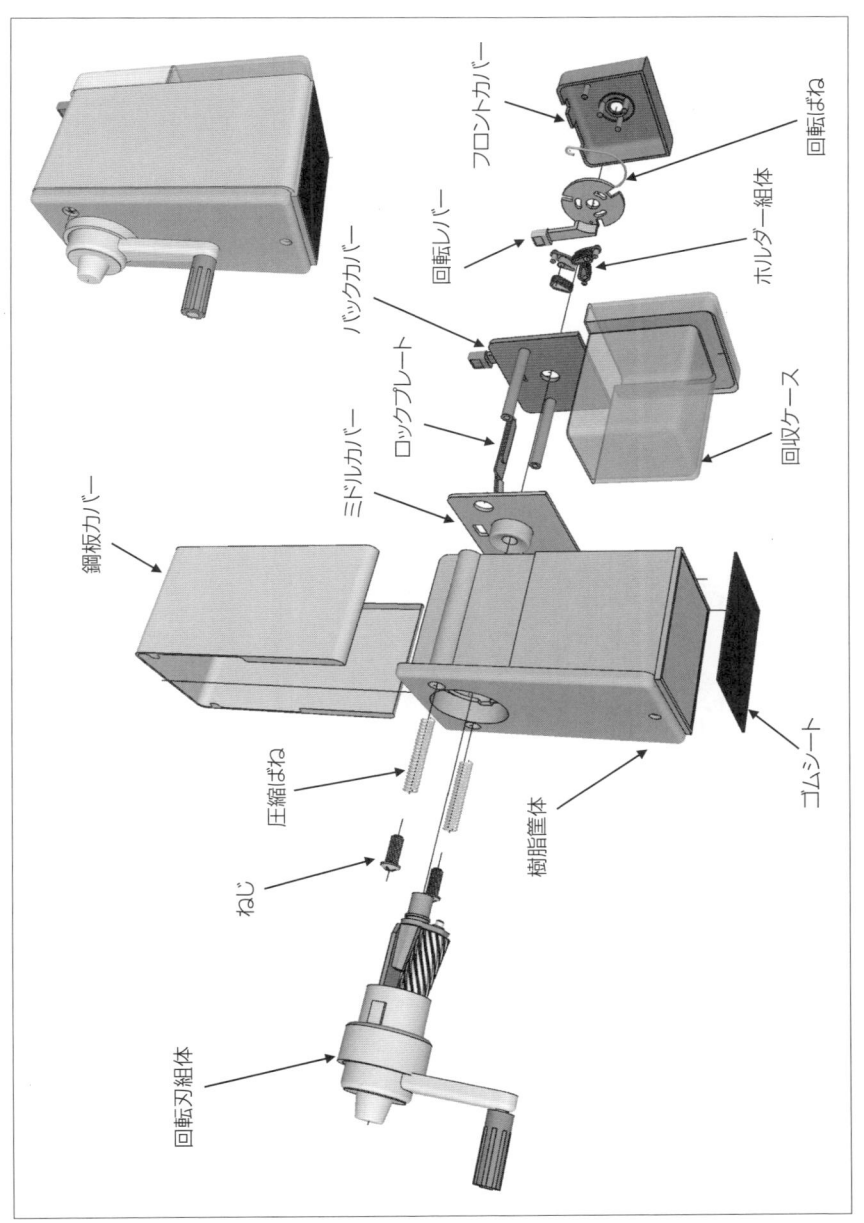

図表4-2-3 鉛筆削り器の構造（2）（筆者の設計）

超低コスト化力

もう低コスト化はできない！……この原因は、やる気がないか、道具がないかのどちらかである。道具があれば必ずできる。

4-3　事例：競合機分析から自社商品の実力位置を知る

① もっと、食べろ！⇒もうこれ以上、食べられません！
② もっと畑を耕せ！⇒もうこれ以上、できません！

上記①の場合、健康体でも無理な話です。それは道具がないからです。一方、上記②の場合は複雑です。努力を重ねても体力がない場合や、怠け心でやる気がない場合の二通りがあるからです。

そこで、上に立つ者や管理者が激を飛ばします。例えば、……

・業界のプライスリーダーとなって価格破壊を起こせ！
・とにかく、とにかくがんばってください！
・気合だ！気合だ！もっと圧力をかけろ！
・一枚岩となって大和魂を見せてくれ！

このまま解説を続けると、第1章に戻ってしまいます。そこで、上記②の対策としては、道具を入手すればよいのです。

その道具とは低コスト化開発手法であり、世の中には「5＋2」種類が存在し、第2章と第3章ではそれらのすべてを解説してきました。

さらに解説を進めた結果、99％の企業、および、あなたが入手すべき道具（開発手法）とは、「コストバランス法」であることのコンセンサスが得られたと確信します。

4-3-1．事例：競合機の情報を収集する

いよいよここから、コストバランス法の作成とその分析方法に関して、「鉛筆削り器」を例に解説していきます。

図表4-3-1は、20××年7月31日、YHネットショッピング内で販売されている鉛筆削り器に関しての調査です。

はじめに調査すべきは、各企業から販売されている鉛筆削り器の定価とその質量（重さ）です。情報の収集といっても、たったこれだけです。

また、図中の右側の表における推定原価の求め方ですが、商品Aを例に項目4-4-2で解説します。これを商品Bから商品Nまで展開します。求めるデータは、定価ではなく原価です。結構、大変ですよ。

競合機分析が、一日や二日で終わるとは思わないでください。相撲、柔道、ボクシング、野球、サッカーのアスリートたちが、ライバルの選手やチームを徹底的に分析します。それが、一日や二日で終了するでしょうか？

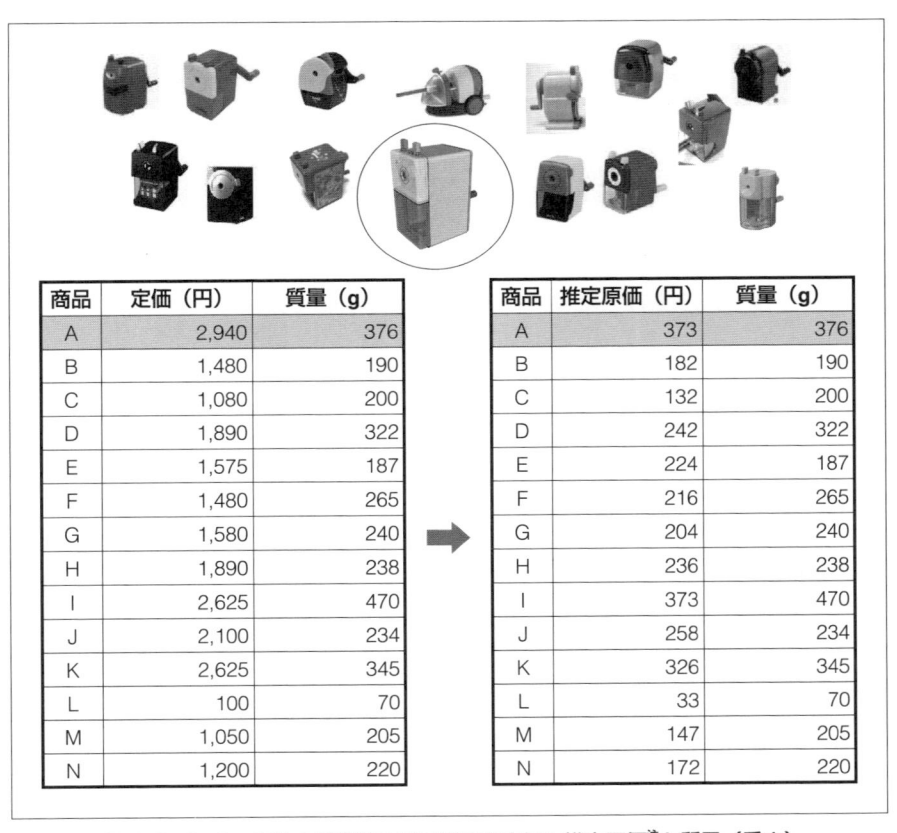

商品	定価（円）	質量（g）
A	2,940	376
B	1,480	190
C	1,080	200
D	1,890	322
E	1,575	187
F	1,480	265
G	1,580	240
H	1,890	238
I	2,625	470
J	2,100	234
K	2,625	345
L	100	70
M	1,050	205
N	1,200	220

商品	推定原価（円）	質量（g）
A	373	376
B	182	190
C	132	200
D	242	322
E	224	187
F	216	265
G	204	240
H	236	238
I	373	470
J	258	234
K	326	345
L	33	70
M	147	205
N	172	220

図表4-3-1　各社の鉛筆削り器に関する定価と推定原価[注]と質量（重さ）
（注：原価は全品を購入、分解して筆者が算出した。商品Aのみ項目4-4-2で詳述する。）

図中上部の丸印が、これからあなたと筆者が低コスト化を進める鉛筆削り器で、図表における「商品A」とします。

第4章　これならできる！コストバランス法

第2章の項目2-5では、人気のデジカメを分析するために、KKドットコム上の最安値である販売価格を分析値として使用しましたが、本項のコストバランス法では、定価や販売価格は使用しません。原価を分析値として使用します。

　なぜならば、定価や販売価格は、「定価0円！」や「政治的価格」という言葉があるように、競合に対して低価格による真っ向勝負に使われます。つまり、人の意思で価格が操作されてしまうため、データ解析ができないからです。
　一方、原価（コスト）は、計算ミスさえなければどのような国でも企業でも、同じで、原価は原価です。

　それでは早速、分析に入ります。
　図表4-3-1の右表をプロットしたのが、**図表4-3-2**です。エクセルでは「散布図」を使います。図表4-3-1がエクセル上にあれば、図表4-3-2の作成まで、およそ15秒です。たったの15秒です。

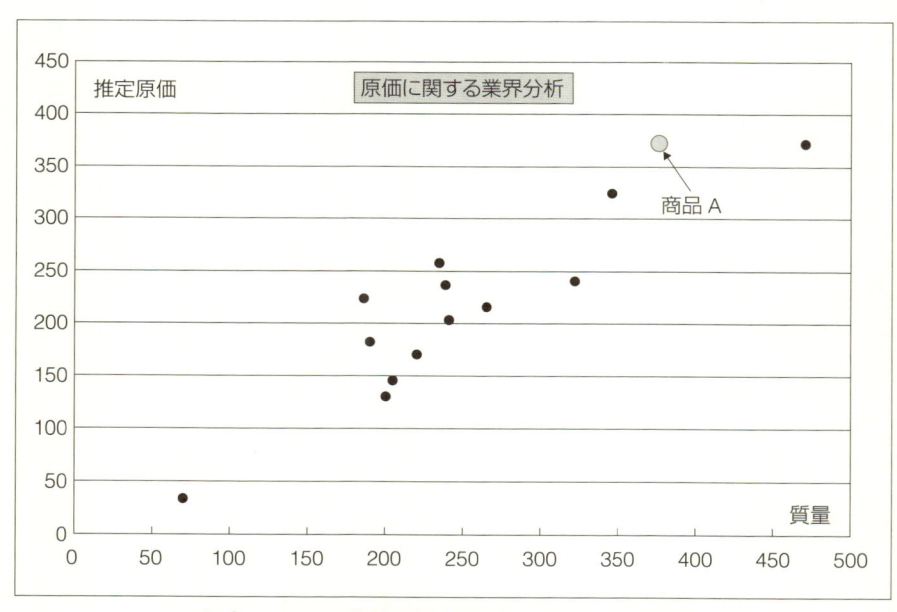

図表4-3-2　各社の鉛筆削り器に関する原価と質量
（この図表は、後に解説するCB分析ソフトを利用して作成可能）

超低コスト化力

定価や販売価格は、政治的価格で0円もできるが、原価は操作できない。原価は原価である。

4-3-2. 事例：コストバランス法の近似式（業界線）と相関係数

　コストバランス法とは、「コストとコストを決定づけるなんからの要因」、例えば、コストと質量のバランスを取りながら低コスト化を推進する手法です。

　コストとコストを決定付けるなんからの要因……この二つの要因間に相関がなければ、コストバランス法は成立しません。

　相関があるということは、……

$$相関係数（R）\geq 0.8（目安）$$

と、本書では「0.8以上」と定義します。

> **超低コスト化力**
> コストとコストを決定付けるなんからの要因間の相関係数（R）が、0.8以上（目安）でコストバランス法が使用できる。

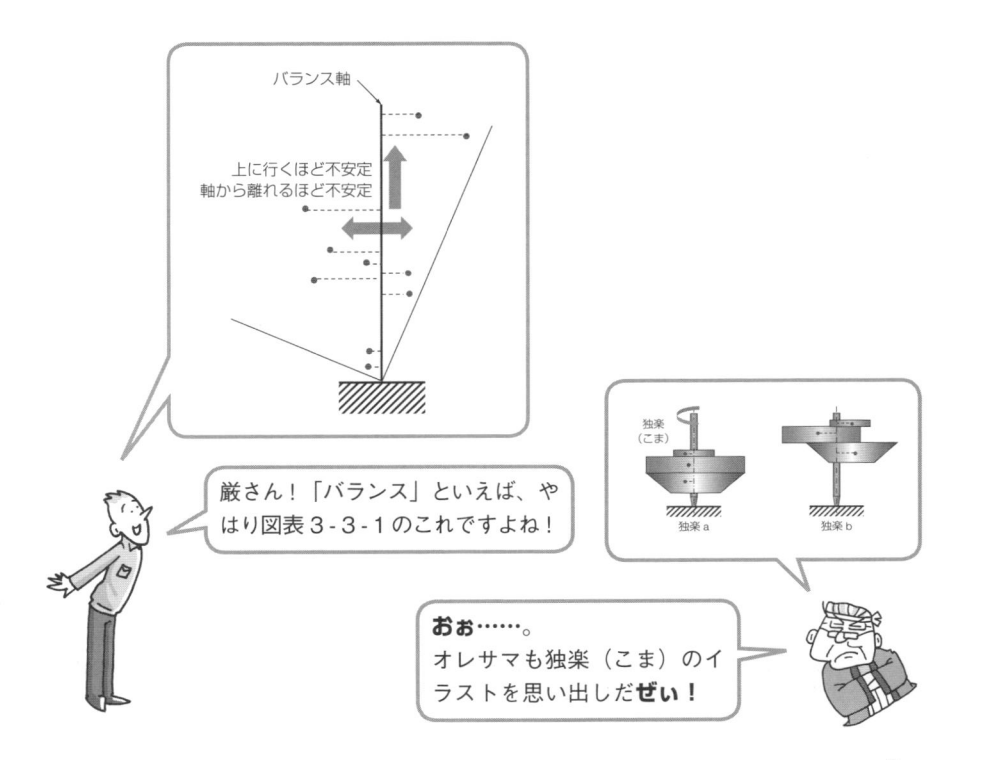

バランス軸
上に行くほど不安定
軸から離れるほど不安定

厳さん！「バランス」といえば、やはり図表3-3-1のこれですよね！

独楽（こま）
独楽a　独楽b

おぉ……。
オレサマも独楽（こま）のイラストを思い出しだぜぃ！

図表4-3-2に近似式を求めると、**図表4-3-3**となります。これもエクセルを使います。近似式は、エクセルの「線形近似（L）」を選びます。Y切片に「0」を選択し、近似式とR^2の値を求めます。Rとは、相関係数のことです。

エクセル、Y切片、線形近似、近似式、R^2、相関係数（R）……もう、何がなんだかわからない！　どこが「中1数学」なんだ！　……と思いましたか？　それでよいのです。解決策は、項目4-3-4で……。

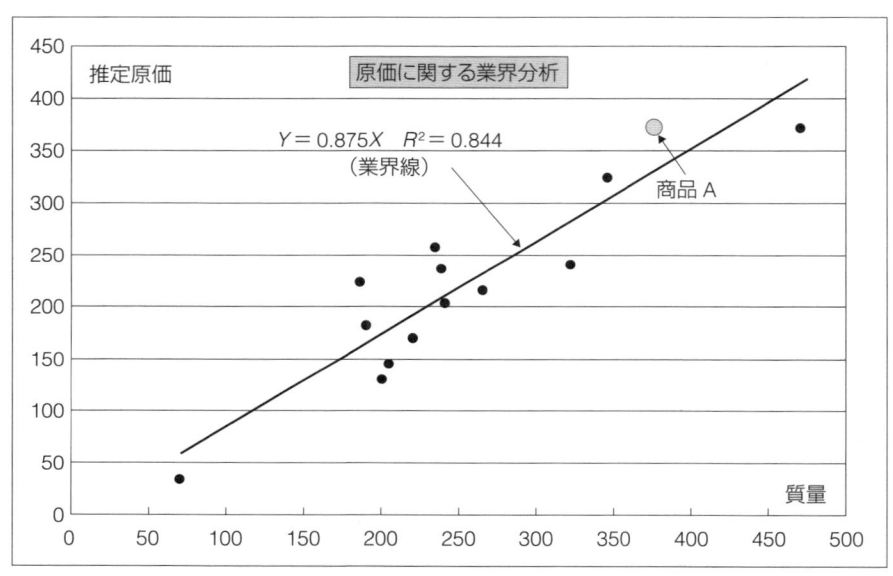

図表4-3-3　各社の鉛筆削り器の業界線と相関係数を求める
（この図表は、後に解説するCB分析ソフトを利用して作成可能）

ここで、近似式とR^2が求まりました。　ここまで約12秒です。
$R^2 = 0.844$ ですから、$\sqrt{R^2} = R = 0.92$（$\geqq 0.8$）となり、「相関係数0.8以上」の条件を満たしました。

ここで重要なメッセージがあります。
コストを決定づける要因が一つとは限りません。その要因を見つけることが、コストバランス法の開始です。
要因があればあるほど、低コスト化の効果が増大します。

超低コスト化力

> コストと相関係数が高い要因は、一つとは限らない。その要因を探すことが、コストバランス法成功の秘訣である。

さて、**図表4-3-4**は、当事務所のクライアント企業におけるコストバランス法適用例の相関係数（参考値）です。コストと相関のある要因が多数存在する企業や部門が羨ましい限りです。

その要因の数だけ、低コスト化活動ができるのですから。

No.	コストバランス法の適用例	コストと相関がある要因 （＊＊＊印は非公開）	クライアントにおける 相関係数 （参考値）
1	レーザプリンタ（日本、隣国）	質量	0.99
2	デジタルコピー機（日本、隣国）	質量	0.98
3	ダイヤモンド（宝石、装飾品）	質量 カット面数 カラー	0.97 0.91 0.87
4	電子回路	質量 ボード面積 積層数	0.93 0.89 0.88
5	集積回路（IC）	質量 IN-OUT数	0.95 0.91
6	液晶テレビ（隣国）	質量 ＊＊＊	0.96 0.91
7	液晶テレビ生産ライン（隣国）	一人一人の手番 組立て部品数 ＊＊＊ ＊＊＊ ＊＊＊	0.98 0.96 0.94 0.89 0.79
8	スマートフォン（隣国）	質量 ＊＊＊	0.95 0.92
9	EV用DCモータ（隣国）	質量 ＊＊＊ ＊＊＊	0.98 0.98 0.98
10	EV（電気自動車）（隣国）	質量 ＊＊＊ ＊＊＊ ＊＊＊	0.96 0.87 0.94 0.99

図表4-3-4　当事務所のクライアントにおける各種の相関係数

一方、図表4-3-3における近似式が「業界線」です。ここでは、$Y = 0.875X$のことです。業界線とあなたが担当する商品のプロット位置で、**図表4-3-5**に示す分析ができます。

分析番号	分析内容と予測事象
分析1	業界線の原点（0，0）に近い方は、その商品の廉価品を示す。
分析2	原点（0，0）から遠いところは、その商品の高級品を示す。
分析3	分析1、2のどちらでも良いが、業界線（近似式）から垂直方向に遠ざかることは回避した方がよい。
分析4	業界線（近似式）の垂直方向に著しく上方に遠ざかる場合、その商品は、コストパフォーマンスが低いため売れない場合が多い。
分析5	業界線（近似式）の垂直方向に著しく下方に遠ざかる場合、その商品は、粗悪品や社告・リコール対象商品となる場合がある。つまり、「安かろう、悪かろう」の時代に戻る場合がある。
分析6	業界線(近似式)上、もしくは、この勾配よりも少し下を狙うことで、高いコストパフォーマンスが得られる。

図表4-3-5　業界線との比較で判明する分析結果

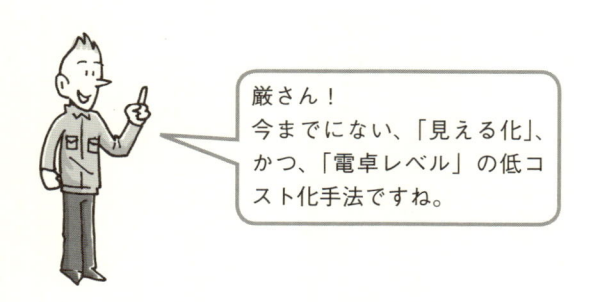

厳さん！
今までにない、「見える化」、
かつ、「電卓レベル」の低コスト化手法ですね。

オイ、まさお！
昔、**オイラ**が若けぇ～ときに**よぉ**
習った記憶がある**ぜい**。

今から**オイラ**も再履修だ**ぜい**！

　重要なメッセージでも、「一覧表」にすると飛ばし読みしてしまう場合があります。図表4-3-5は、本書における重要メッセージです。
　それでは、具体的な説明は次項目でも解説しましょう。

4-3-3. 事例：業界線に対する自社の実力位置

図表4-3-6は、商品A（図中の丸印）と原点（0,0）を直線で結んだ「現状線」です。商品Aは、業界線の垂直方向で上方に位置していますので、通常は売れない商品になる可能性があります。

例えば商品Aの周辺に、業界線の垂直方向下側に多くの競合商品がデビューすれば、高い確率で苦戦すると推定します。

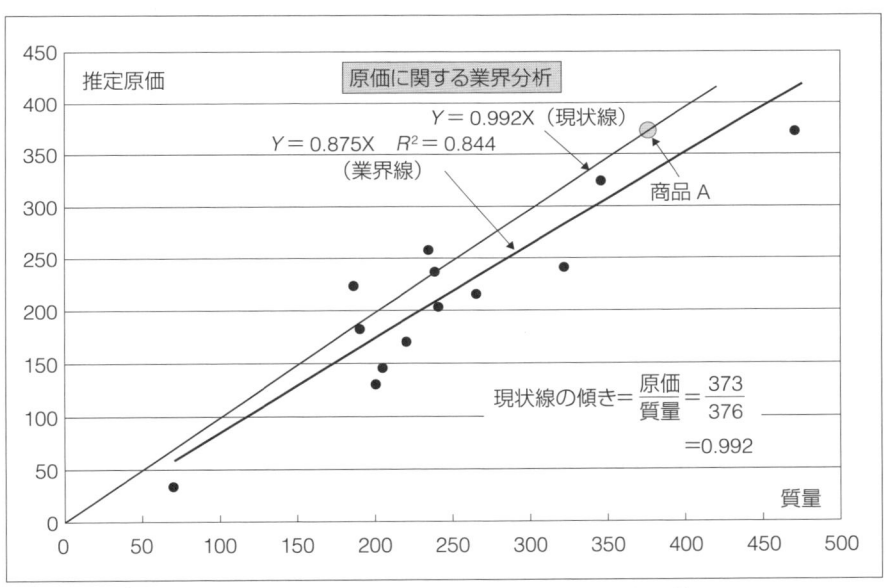

図表4-3-6　業界線に対する自社商品（商品A）の位置
（この図表は、後に解説するCB分析ソフトを利用して作成可能）

グラフ内表記：
- 推定原価（縦軸）、質量（横軸）
- 原価に関する業界分析
- $Y = 0.992X$（現状線）
- $Y = 0.875X$　$R^2 = 0.844$（業界線）
- 商品A
- 現状線の傾き $= \dfrac{原価}{質量} = \dfrac{373}{376} = 0.992$

また、業界線が $Y = 0.875X$、現状線が $Y = 0.992X$ ですので、商品Aは現状線上を下降する低コスト化を施しても売れません。商品Aは、業界線の「勾配 $a = 0.875$ 以下」を目指した低コスト化活動が必要です。

ここが、コストバランス法の特徴です。

> **超低コスト化力**
> コストバランス法による低コスト化活動は、業界線の勾配以下を目指すこと。これが、過去に例のない特徴である。

ちょいと茶でも……

5N企業の出現と低コスト化活動よりも優先すべきこと

　設計コンサルタントとは、やりがいのある職業と自負していますが、時々、天地逆転の思いをすることがあります。
　それは、……
　　・5N（5ナイ）企業　　　の出現です
　　・3次元モデラー

　まず、5N（5ナイ）企業ですが、その企業規模によらず……

　① 競合機分析をやらない
　② 強度、安全率、累積公差を計算しない
　③ 特許調査をしない、特許を出さない　　　5N（5ナイ）企業
　④ コスト見積りをしない
　⑤ 設計審査をやらない

　かつては「やらない」でしたが、現在は、「できない」にまでなっています。これは昔からあった現象ですが、3次元CADが急激に導入された「3次元CAD元年」と呼ばれる2001年頃から急加速しました。

　一方、CAD画面の中では、製造不可能、組み立て不可能な部品や信頼性の低い商品が次々と設計されています。いや、設計ではありません。造形（モデリング）です。設計者ではありません、3次元モデラーの出現です。

　かつて、「安かろう悪かろう」と、世界から非難された日本製品を世界一の高品質にしたのは、日本の生産技術者です。それから数十年、日本を代表する自動車会社が、社告・リコールの世界No.1とNo.2とNo.3の不名誉なランキングを獲得しました。一方、大手の電機企業は隣国の企業に吸収されていきました。

　これらの悪しききっかけは、隣国工業界の急進であり、それを許した前述5N企業と3次元モデラーの出現にあると筆者は分析しています。

それでは、5N企業を作り上げたのは誰かということになります。
　それは、「技術系管理職」の出現によるものです。技術系管理職とは、工学系の学校を高学歴で卒業したものの、明らかに技術経験が未熟なまま管理職へと軸足を移動させてしまう者です。

　設計者が職人ならば、その最も重要な年齢とは、例えば、「油がのった年齢」、「油がのる年齢」と言われています。ここで「油」とは、職人としての技量。「年齢」とは、「35歳から40歳」のことです。

　しかしあるとき、日本企業に大事件が起きたのです。それが、成果主義。極端な話ですが、出世するためには、一日も早く電卓を捨て、技術を捨て、科学計算用のパソコンをワープロと通信機専用にすることがコツです。その年齢は、なんと先ほどと一致する「35歳から40歳」です。

　まとめると、……

　　　成果主義 ⇒ 技術者系管理職の出現 ⇒ 5N企業への変貌

という流れになります。大きな「負のスパイラル現象」が日本企業で起きているのです。

　技術系管理職は、技術的未熟であることを本人が一番よく知っています。したがって、知らないことやできないことは、成果主義と出世主義の妨げになるので、5Nの全項目（前記①から⑤）をお蔵入りにしました。

　さて、5Nの一番目の「競合分析」ですが、どの国の、どのスポーツに競合選手や競合チームを分析していないアスリートがいるのでしょうか？ホテル、旅館、飲食店、駅弁など、競争相手を調べない職業がどこにあるのでしょうか？
　それでも、金メダルが取れると思いますか？それでも、低コスト化で原価低減が達成できると思いますか？

　このあと、あなたと共に考えていきましょう。

4-3-4. 中1数学がわからない！相関係数って何？

中1数学[注]を忘れた技術者にとって、ここまでに難解な単語がいくつかでてきました。注：本書では、「中1数学」と表現しているが、高校数学も一部含まれている。

例えば、……

① 散布図（項目4-3-1）
② 近似式（項目4-3-2）
③ R^2、R は相関係数のこと（項目4-3-2）
④ 線形近似（項目4-3-2）
⑤ Y 切片（項目4-3-2）
⑥ $Y = aX$（項目4-3-2）
⑦ 勾配 a（項目4-3-3）

たったの7項目です。
Web検索で、容易に
自己研鑽できます。
しかも、無料！

よくわからない！ ……それでも大丈夫です。

かつて、筆者も頭が混乱しました。そのようなときは、Web検索してみましょう。どれを選んでよいのか迷うくらいの情報が掲載されています。

近年、Web検索すれば容易に入手できる知識や情報を収集しただけの「ウィキペディア型」の書籍が散見されます。筆者は、このタイプの著作を極力避けています。ここで、大幅なページを割いて前述の①から⑦を解説することはナンセンスだと思います。是非、無料で親切な Web 検索で、自己研鑽してください。

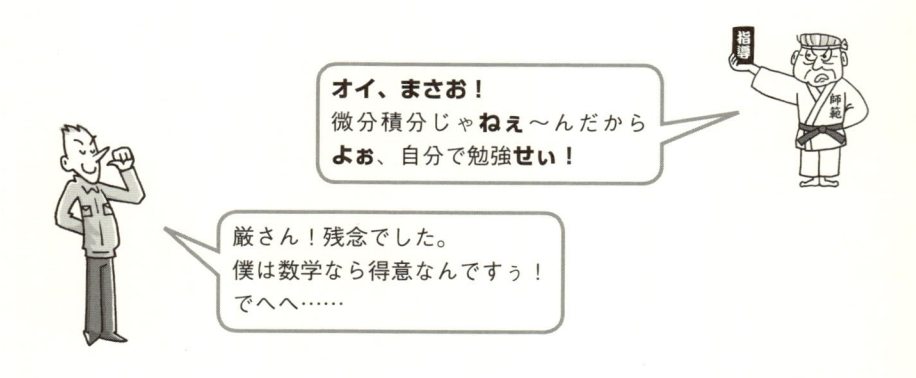

> オイ、まさお！
> 微分積分じゃ**ねぇ**〜んだから
> **よぉ**、自分で勉強**せい**！

> 厳さん！残念でした。
> 僕は数学なら得意なんですぅ！
> でへへ……

さらに、朗報があります。それは、……。

コストバランス法のエクセルソフトを作りました。次ページに示すURLからダウンロードしてください。このソフトの質量は「g」ですので、片手で持てる商品なら利用できます。また、自動車やタンカー（造船）の場合は、それに見合った単位に補正してください。

【URL】	http://a-design-office.com/somesoft.html
【ソフト名】	No.26：超低コスト化の各種手法
【パスワード】	costbalance_mbclk

4-4 事例：自社商品の鉛筆削り器を徹底的に低コスト化

あなたと筆者で低コスト化に挑む鉛筆削り器「商品A」ですが、いよいよ本項から実践へと突入します。

No	商品Aに関する条件や補足説明	参考情報
1	定価（通常価格）：2,940円	20××年3月01日、YHショッピングより現物を入手した。
2	販売店価格：1,882円（36%引き） 2,940×（1－0.36）＝1,882円	20××年3月04日、SM店（埼玉県川口市の量販店）より現物を入手した。
3	ロット50,000台とする。	筆者の仮定
4	現状の製造原価：229＋144＝373円 原価率：373/1,882＝0.2	原価は通常、20～40%である。原価が40%以上を占めると、経営困難と言われている。 左記に関する詳細は後述する。
5	部品費：229円（項目4-4-2参照）	
6	組立費：144円（項目4-4-4参照）	
7	組立工賃：40円/分とする。	日本企業の賃率の平均値

原価30%ダウンの社長命令あり！

8	目標製造原価： （229＋144）×（1－0.3）≒261円	30%コストダウンを目標とする。
9	販売店価格：261/0.2＝1,305円	1,305/1,880×100≒69%（≒30%コストダウン）
10	定価（通常価格）：2,040円	1,305/（1－0.36）≒2,040円

図表4-4-1　鉛筆削り器に関する低コスト化の条件と目標設定

前項の図表4-3-6で、業界線に対する商品Aの位置をもう一度、確認しましょう。確認できましたら、**図表4-4-1**に基づく条件で、低コスト化を図ります。

文章で説明すると、以下のようになります。

【商品Aの低コスト化条件とその目標設定】

　商品Aの鉛筆削り器の定価は2940円。量販店に行くと約36％引の1882円で販売されています。

　最近は、数多くの競合商品が出現して油断ならぬ状況です。商品Aの生産のロット数を5万台として、現在の原価は、部品費229円、賃率40円/分としたときの組立費144円で合計373円となります。さらに、これを量販店の販売価格1882円で割ると、原価率は0.2となります。

　前述の競合を意識して、当社の社長が、「原価30％ダウン」の指示をだしました。つまり、373×(1−0.3)＝261円が目標原価です。

　これが達成すれば、2割引の量販店では、261/0.2＝1305円での販売が可能です。

　そのときの定価は、1305/(1−0.36)＝2040円となります。

4-4-1. 的（目標）は円でもなく％でもなく勾配（傾き）！

　第1章の項目1-3、つまり、「的がなければ弓は引けない」を覚えていますか？ 的とは、低コスト化活動の目標値であり、弓とは道具（開発手法）のことでした。

　低コスト化活動の運営上、重要な項目です。もう一度、復習をお願いします。

　あなたの会社で低コスト化と言えば、きっと社長や役員は、「何円下げろ！」や「何％下げろ！」という具合に、円や％の単位で指示すると思います。

　しかし、……

　コストバランス法の最終目標は、円や％となりますが、低コスト化活動の開始時の目標は、なんと「勾配（傾き）」です。

　えっ！ と言う声が聞こえてきそうです。それでは、**図表4-4-2**でそれを実感しましょう。

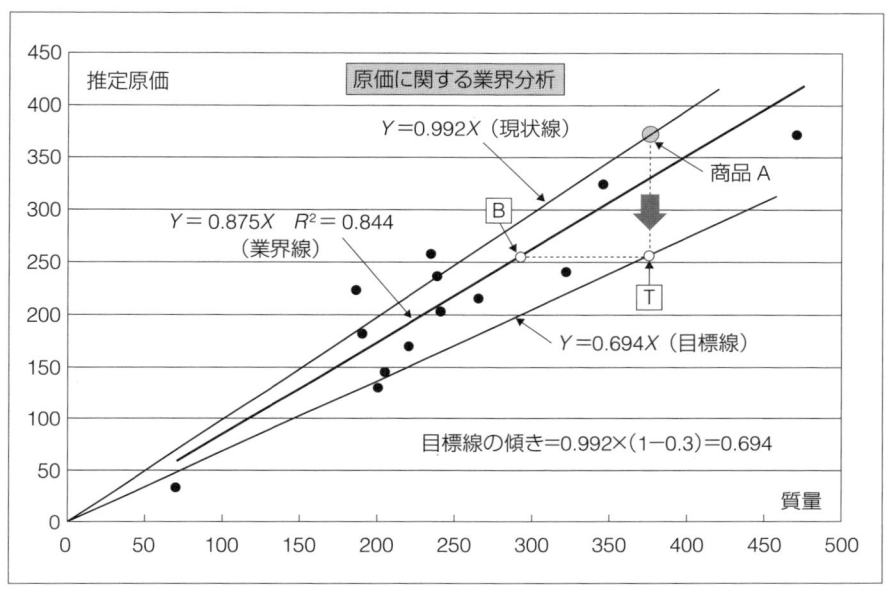

図表4-4-2　コストバランス法による新次元の目標値
(この図表は、後に解説するCB分析ソフトを利用して作成可能)

【コストバランス法の目標値を解説】

① 原価の30％ダウンが社長命令であった。かつての低コスト活動では、図中の商品Aの点を直下のT点へ落とす努力をしていた。(太い矢印)

② ここで大きな課題が二つ残留していた。その一つが、「大黒柱を削って、屋根が落ちる」という現象。設計職人としての禁じ手であるがゆえに、復習してほしい。詳細は、第2章の項目2-3-2を参照のこと。

③ もう一つが、項目4-2で解説した「これ以上の低コスト化はできない！」という現象であった。いずれも、商品Aの点を直下に落とすことの限界である。

④ 次に、図中の現状線 $Y = 0.992X$ に注目する。商品Aは、この線上の点である。

⑤ 社長指示は、原価の30％ダウンであるから、目標とする勾配は、$0.992 \times (1 - 0.3) = 0.694$ となる。

⑥ コストバランス法による新次元の目標（その1）は、目標線 $Y = 0.694X$ となる。

⑦ 図中の商品Aから垂直線を引き、上記⑥の目標線との交点をT点、T点から水平線を引き、業界線との交点をB点とする。

⑧ コストバランス法による新次元の目標（その2）は、線分B-T間に「原価と質量」を入れることである。**図表4-4-3**を参照。

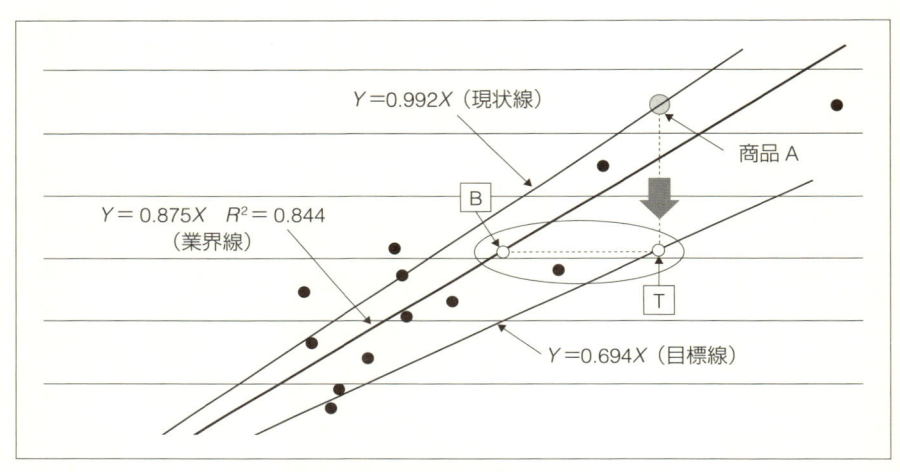

図表4-4-3　新次元目標値の拡大図

超低コスト化力

コストバランス法による目標の設定は、勾配（傾き）であり、コストおよびコストと相関の強い要因の組合せで達成する。

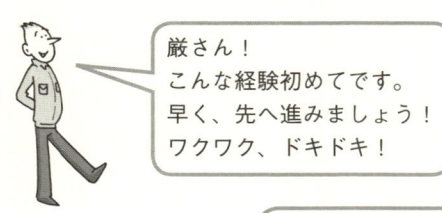

厳さん！
こんな経験初めてです。
早く、先へ進みましょう！
ワクワク、ドキドキ！

オイ、まさお！
新派の登場だなぁ。新派は**よぉ**、必ず足を引っ張る評論家が出現する**ぜい**！

4-4-2. 部品費の見積り方法

　ここで、図表4-4-1で記載した「商品Aの生産のロット数を5万台として、現在の原価は、部品費229円、賃率40円/分としたときの組立費144円で合計373円となります。」……これを解説します。

　まず、**図表4-4-4**から**図表4-4-6**の部品のコスト見積りです。コスト（原価）が不明では、低コスト化活動はできません。腕利きの名医でも、病名が判明できなければ何も治療できません。下記の書籍で、自己研鑽（じこけんさん）をお願いします。

　① ついてきなぁ！ 加工知識と設計見積り力で『即戦力』
　② ついてきなぁ！ 加工部品設計の『儲かる見積り力』大作戦

No	サブ組 または 部品	質量(g)	コスト見積(円)	材質	外径サイズ	写真
1	回転刃シャフト	4	5	ステンレス SUSXM-7	Φ4×L45	
2	回転刃	23	15	鋼 SUJ	Φ15×L28	
3	インナーギア	1	11	鋼 SWCH	Φ3×L12	
4	回転刃フレーム	10	9	樹脂（黒） PS（G含）	25×15×88	
5	アウターギアホルダ	19	10	樹脂（青） ABS	Φ40×L35	
6	ロックリング	2	5	樹脂（青） ABS	Φ29、t2	
7	ハンドルレバー	9	9	樹脂（青） ABS	33×25×84	
8	固定シャフト	2	4	ステンレス SUSXM-7	Φ4×L35	
9	ノブ	3	5	樹脂（青） ABS	Φ12×L30	

図表4-4-4　鉛筆削り器の部品とそのコスト見積り（その1）

第4章　これならできる！コストバランス法

No	サブ組 または 部品	質量 (g)	コスト見積 (円)	材質	外径サイズ	写真
10	特殊ネジ(2個分)	2	2	鋼 SWCH	M3×L12、2本	
11	圧縮バネ(2個分)	1	10	ステンレス SUS304-WPB	Φ8×L82 線径：Φ0.3	
12	ロックプレート	6	2	板金 SPCC ニッケルめっき	73×10、t1	
13	ホルダー バックカバー	16	9	樹脂(青) ABS	55×73×70、t3	
14	ホルダー フロントカバー	21	11	樹脂(青) ABS	75×60×18	
15	可動レバー	5	6	樹脂(青) ABS	70×40、t3	
16	トーションばね	1	5	バネ鋼 SWPA	40×50、線径Φ1.2	
17	鉛筆ホルダー(3個)	3	12	樹脂 POM	7×20×8	
18	ホルダーゴム (3個分)	3	15	ゴム CR	幅5、t2	
19	ケース小カバー	11	11	樹脂(青) ABS	70×60、t2	

図表4-4-5　鉛筆削り器の部品とそのコスト見積り(その2)

No	サブ組 または 部品	質量 (g)	コスト 見積 (円)	材質	外径サイズ	写真
20	ケース大カバー	86	34	樹脂（青） ABS	135×80× 70、t1.5	
21	板金ケース	86	13	板金 SPCC	90×（140× 2＋75)、t0.5	
22	底ゴムシート	5	4	ゴム CR	60×70	
23	注意ラベル	1	1	紙シール	70×60	
24	削り子回収ケース	56	21	樹脂 （青色透明） ABS	90×74× 90、t2	
	合計	376	229			

図表4-4-6　鉛筆削り器の部品とそのコスト見積り（その3）

4-4-3. 部品に関する低コスト化方針の決定方法

ここまできたら、後は簡単です。

項目4-3-4で紹介した「CB分析ソフト」を使用します。念のため、下記に再掲載しておきます。

```
【URL】        http://a-design-office.com/somesoft.html
【ソフト名】    No.26：超低コスト化の各種手法
【パスワード】  costbalance_mbclk
```

第4章　これならできる！コストバランス法

図表4-4-7と図表4-4-8は、前記の「CB分析ソフト」を使用した鉛筆削り器のCB分析とCM分析結果です。

コストバランス分析（CB分析）

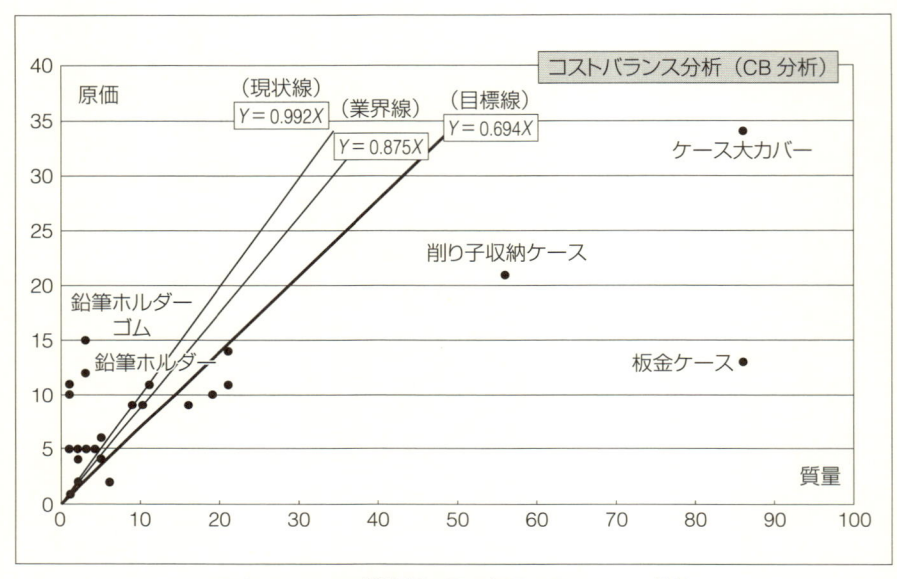

（現状線） $Y = 0.992X$
（業界線） $Y = 0.875X$
（目標線） $Y = 0.694X$

縦軸：原価、横軸：質量

プロット：ケース大カバー、削り子収納ケース、鉛筆ホルダーゴム、鉛筆ホルダー、板金ケース 等

図表4-4-7　鉛筆削り器の部品に関するCB分析

コストモーメント分析（CM分析）

コストを優先的に下げる集団
質量を優先的に下げる集団

② ケース大カバー
① 板金ケース
③ 削り子回収ケース

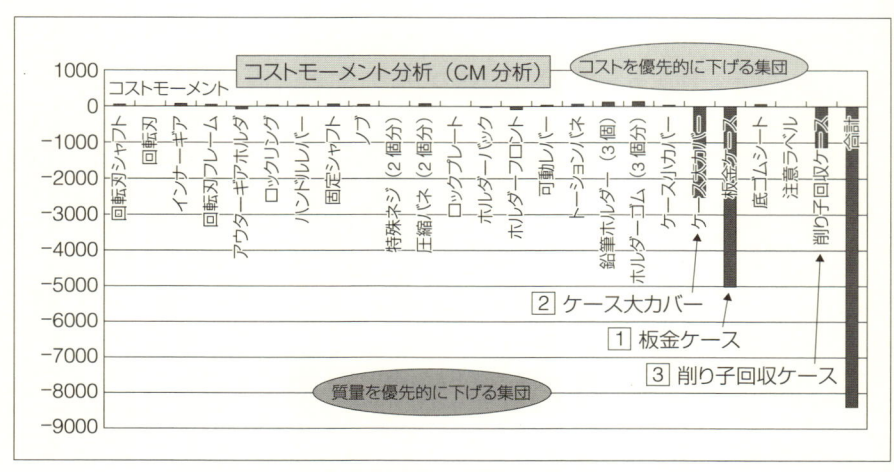

横軸項目：コストモーメント、回転刃シャフト、回転刃、インナーギア、回転ギアフレーム、アウターギアホルダ、ロックリング、ハンドルレバー、固定シャフト、ノブ、特殊ネジ(2個分)、圧縮ばね(2個分)、ロックプレート、ホルダーリアバック、ホルダーフロント、可動レバー、テンションバネ、鉛筆ホルダー(3個)、ホルダーゴム(3個)、ケースバルブカバー、ケース大カバー、板金ケース、底ゴムシート、注意ラベル、削り子回収ケース、包装

図表4-4-8　鉛筆削り器の部品に関するCM分析

図表4-4-7のCB分析で、目標線上にプロットがあると、コストモーメント＝0となってしまいます。そこで、目標線上、および、その極近傍に位置する部品で、原点近傍にはいくつか存在していますが、原点から遠い部品はそれに該当しないと判断しました。
　したがって、以降は図表4-4-8のCM分析のみで、低コスト化への解説を進めます。

【図表4-4-8のCM分析による低コスト化への示唆】
　① コストを優先的に下げる部品はない。
　② 一方、質量を優先的に下げる部品のその優先順位は、**図表4-4-9**に示す三つの部品、そして、その軽量化が示唆された。

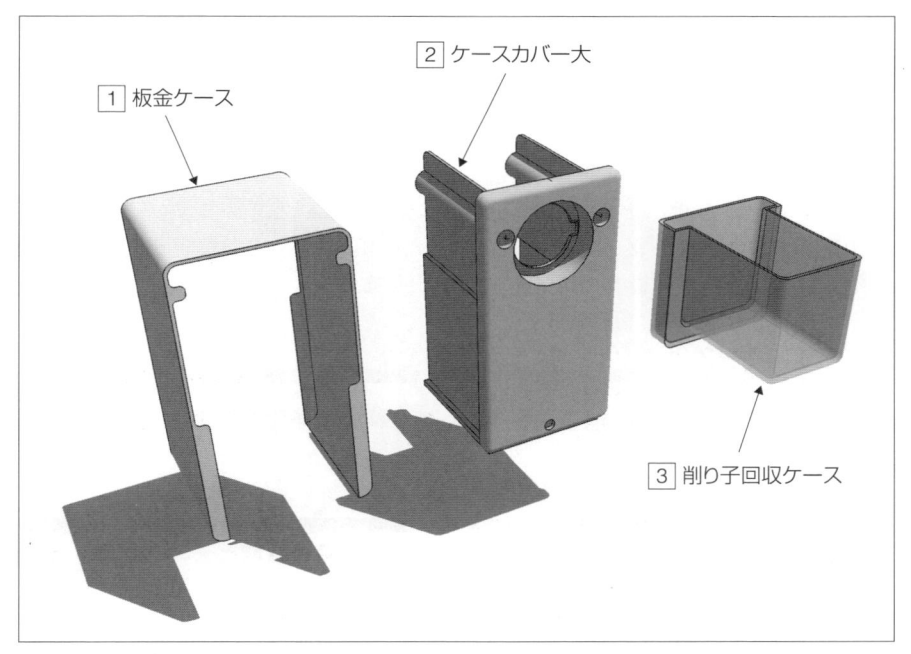

図表4-4-9　鉛筆削り器の低コスト化対象部品とその優先順位

1：板金ケース、2：ケース大カバー、3：削り子回収ケース

　図表4-4-8のCM分析は確かにわかりやすいのですが、もう一度、図表4-4-7のCB分析を見てみましょう。

このCB分析を見ただけで、少なくとも、「板金ケース」と「ケース大カバー」と「削り子回収ケース」は、大きなアンバランス部品であることが理解できます。
　今後は、CB分析を基本にするように訓練してください。コストバランス法は、学問ではありません。設計職人の道具です。

> **オイ、まさお！**
> こんなに的確で明確な指示をくれるとは、これっ**ぽっ**ちも思わなかった**ぜい**！

> 厳さん！
> これなら、誰でもできますね。
> 後は、TRIZを使ってアイデアを抽出すればいいのですね！

　厳さんとまさお君の言う通りです。
　ここまで明確な指示をしてくれる手法は存在しないと思います。そして、後はブレインストーミング、いや間違えました、項目2-6-2で解説した「TRIZ40の発明原理とその絵辞書」でアイデアを抽出します。

超低コスト化力
コストバランス法は、低コスト化のための明確な手段を示唆してくれる。

超低コスト化力
明確な手段を理解したその後は、「TRIZ40の発明原理とその絵辞書」を使用して、低コスト化のアイデアを抽出する。

4-4-4. 組立費の見積り方法

　次に、組立費のコスト見積りです。
　図表4-4-10と図表4-4-11は、鉛筆削り器における組立部品の組立見積りです。この算出方法は、とても簡単です。あなたの前に現物の部品が存在してなくても構いません。ストップウォッチだけを用意してください。

部品組立の開始から終了までの時間をストップウォッチで測定します。例えばそれを5回繰り返し、5回の平均時間を算出し、40円/分[注]を掛けます。

注:図表4-4-1を参照。

No	サブ組 または 部品	組立工数(秒)	組立費見積(円)	部品点数	該当部品
41	回転刃組体	12.8	8.5	2	圧入作業
42	回転刃フレーム組体	22.4	14.9	4 (接着剤含む)	シャフトの先端は接着する。
43	ハンドル組体	20.8	13.9	5 (接着剤含む)	固定シャフトとハンドルレバーは接着する。
44	回転刃ホルダー組体	12.8	8.5	3	単純な組立て作業
45	ゴムホルダー組体 (3体)	24 (3組)	16 (3組)	6 (3組)	ホルダーにゴム輪をはめる。

図表4-4-10 鉛筆削り器の組立部品と組立費(1)

第4章 これならできる!コストバランス法

No	サブ組 または 部品	組立工数(秒)	組立費見積(円)	部品点数	該当部品
46	鉛筆ホルダー組体	35.2	23.5	7	トーションばねの組み込みが困難 
47	ボディ組体	20.8	13.9	3	単純な組立て 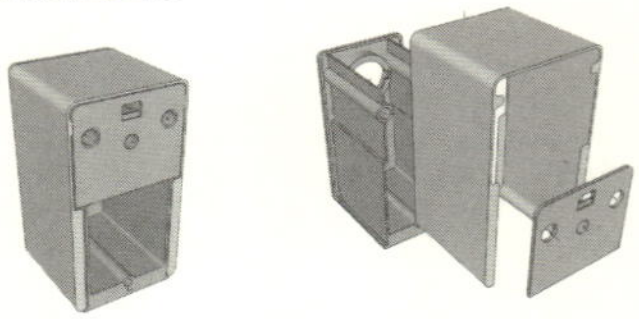
48	ホルダー/ボディ組体	32	21.3	7	鉛筆ホルダー組体をねじ2本で固定する 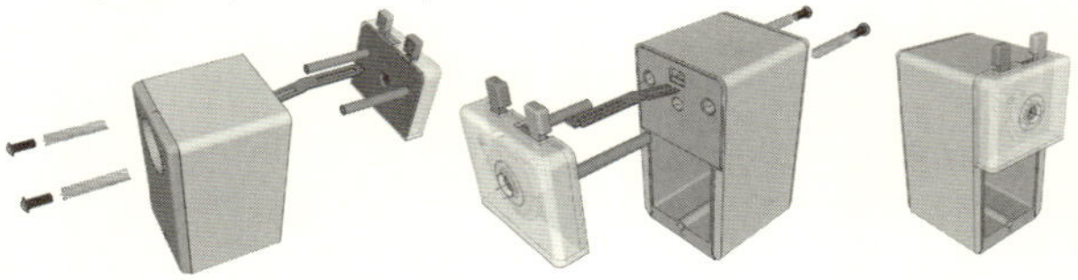
49	最終組立て	16	10.7	3	回転刃ホルダー組体と削り子回収ケースを組み込む 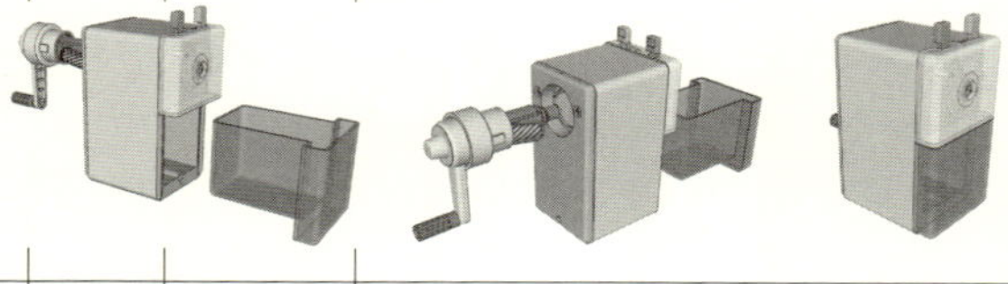
50	ゴムシート貼り	8	5.3	2	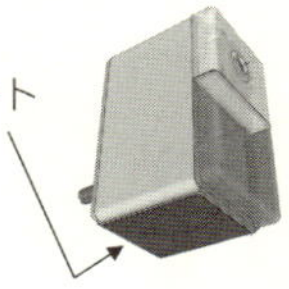 ゴムシート
51	注意銘板貼り	11.2	7.5	2	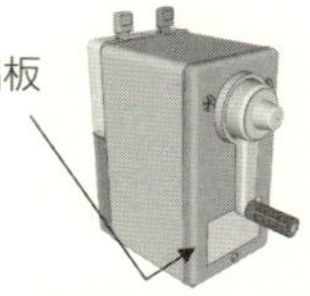 注意銘板
	合計	216	144	44(延べ数)	

図表4-4-11　鉛筆削り器の組立部品と組立費（2）

4-4-5. 組立に関する低コスト化方針の決定方法

それでは、前項のデータからCB分析ソフトを使用します。**図表4-4-12**は、組立費のCB分析であり、**図表4-4-13**は、同、CM分析です。

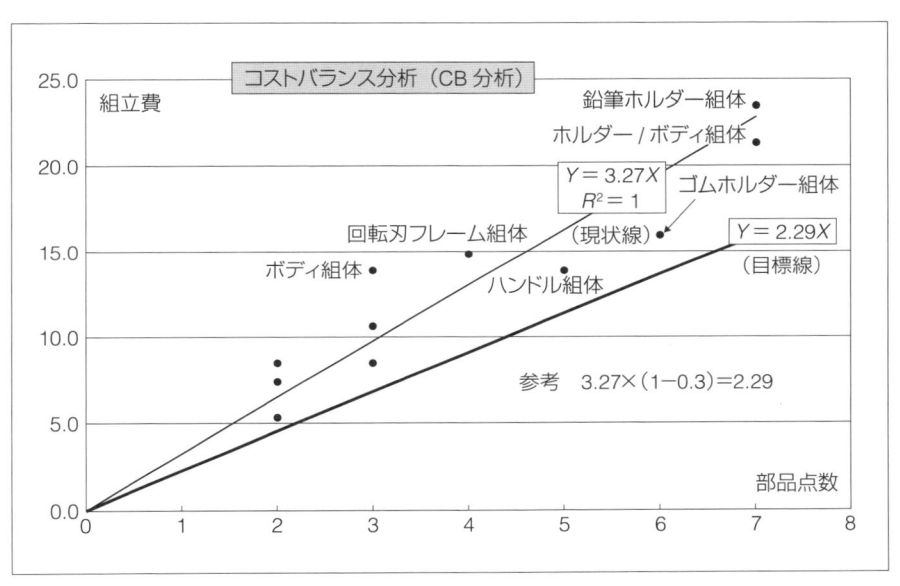

図表4-4-12　鉛筆削り器の組立費に関するCB分析

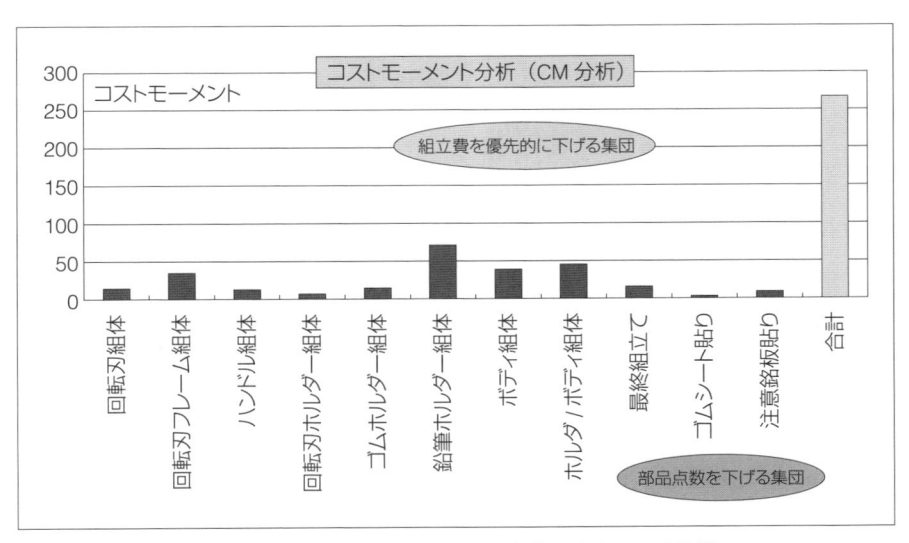

図表4-4-13　鉛筆削り器の組立費に関するCM分析

図表4-4-12のCB分析で、目標線上にプロットがあると、コストモーメント＝0となってしまいます。そこで、目標線上、および、その極近傍に位置する部品で、原点近傍にはいくつか存在していますが、原点から遠い部品はそれに該当しないと判断しました。

したがって、以降は図表4-4-13のCM分析のみで、低コスト化への解説を進めます。

【図表4-4-13のCM分析による低コスト化への示唆】
① 部品点数を優先的に下げる部品はない。
② 一方、組立費を優先的に下げる部品のその優先順位は、**図表4-4-14**に示す三つの部品が示唆された。

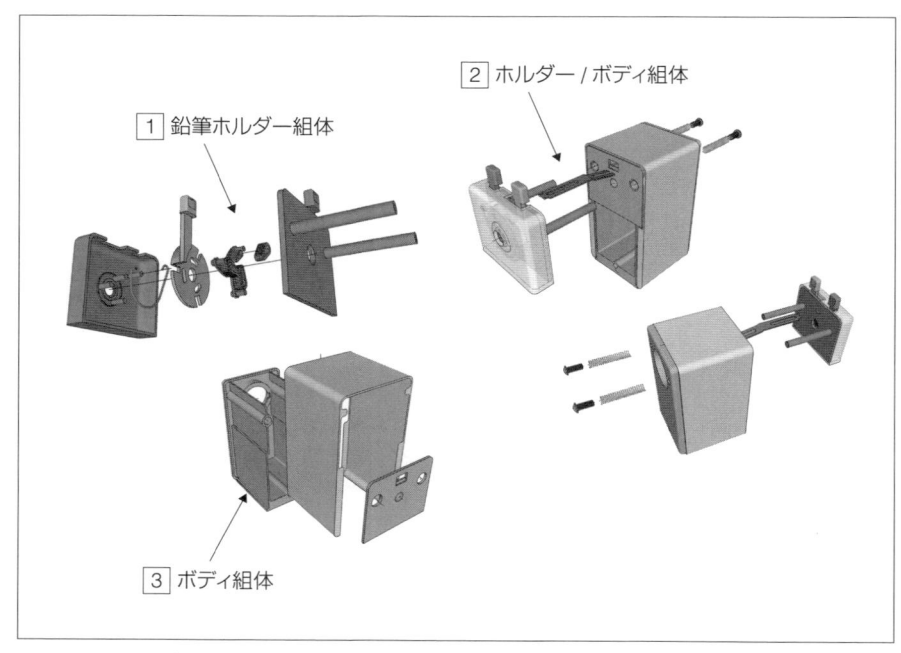

図表4-4-14　鉛筆削り器の低コスト化対象部品とその優先順位

1：鉛筆ホルダー組体、2：ホルダー/ボディ組体、3：ボディ組体

図表4-4-9と図表4-4-14にて、低コスト化への明確な示唆が得られたと思います。

ちょいと茶でも……

プラズマテレビの分析とその衰退予測

ブラウン管のテレビの買い替えで、次はプラズマか液晶かという時代がありました。芸能人でも家電好きや家電マニアがいますが。この人々にとっては、楽しみな時代でした。

さて、**図表4-4-15**に注目してください。液晶テレビの勾配よりもプラズマの勾配が下回っています。これは、コストバランス法のCB分析からは、「プラズマの方が儲かる」、「プラズマの方がコストダウンしている」と分析できます。

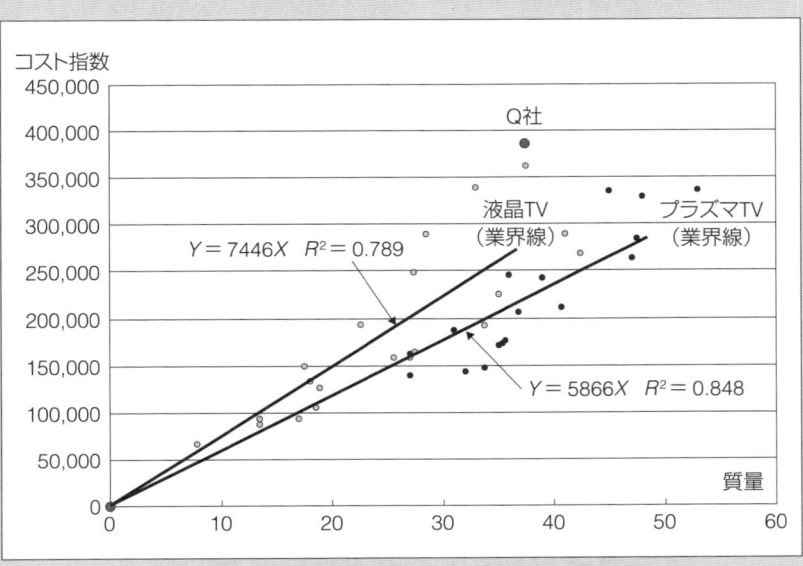

図表4-4-15　プラズマテレビと液晶テレビのCB分析

グラフ内の注記：
- 液晶TV（業界線）　$Y = 7446X$　$R^2 = 0.789$
- プラズマTV（業界線）　$Y = 5866X$　$R^2 = 0.848$
- Q社

ここで事件が発生しました。

図中のQ社[注]（プラズマテレビ）に注目してください。Q社の製品は、「美しい！」、「繊細！」が自慢のプラズマテレビでした。

注：社名Qの記号の意味はない。

しかし、……

しかし、その販売不振からプラズマテレビの生産ラインは、他社製の液晶テレビのラインに変更され、やがて、それも消えました。
　かつて、AV機器では一世を風靡したQ社ですが、今、Q社の製品がTVコマーシャルで流れる日は皆無です。
　Q社の状況は、日本のテレビ事業を象徴する現象だったのです。しかし、それに気がつくのが遅すぎました。
　「対岸の火事」……何度も噛み締めるべき、ことわざです。

液晶テレビの分析とその衰退予測

　「次はプラズマか液晶かという時代」で、本来はプラズマの方が儲かる時代から液晶技術の著しい進化により、小型から大型画面までのすべてを液晶が独占する時代になりました。
　当然、国内企業同士の激戦の始まりです。そこに、国内のH^注社が世界も注目する新工場を設立し、大攻勢へと躍り出たのです。

注：社名Hの記号の意味はない。

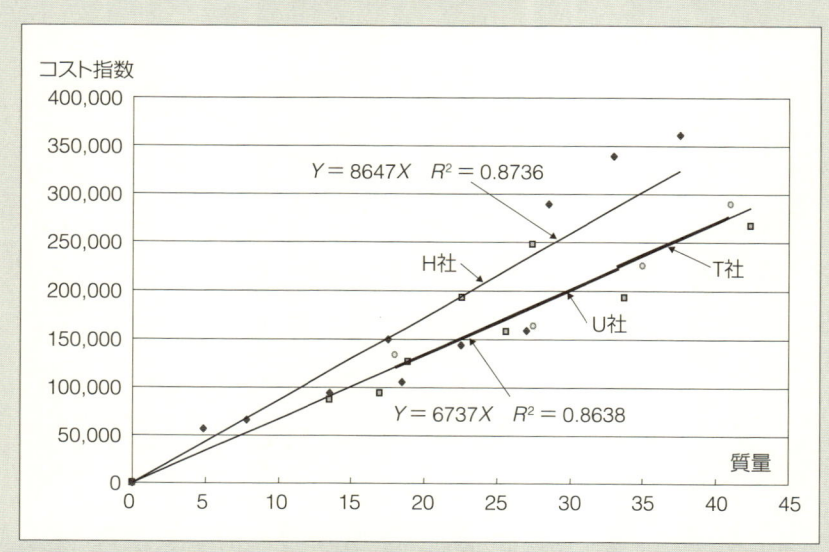

図表4-4-16　液晶テレビの国内企業別のCB分析

グラフ内の式：
$Y = 8647X$　$R^2 = 0.8736$（H社）
$Y = 6737X$　$R^2 = 0.8638$（U社、T社）

図表4-4-16に示す結果は、H社のライバル企業であるU社および、T社が同軸上に乗る摩訶不思議な現象を捉える一方、注目のH社は、軸の傾きがライバル社の軸よりも上回っています。これは、H社の利益率が悪いと推定できます。

ここで事件が発生しました。

図表4-4-16には掲載されていない隣国の大企業が、コストバランス法のコンサルテーションに関して、当事務所と独占契約を申請してきたのです。そして、20××年、世界最薄のLED液晶パネルを発表しました。

これをきっかけに、隣国の液晶パネルの開発が加速する一方で、H社のパネルはかげりを見せ始めます。しかし、国内の「地デジ化」で、この緊急事態が薄れてしまうのです。

数年が経て、H社は自慢の液晶設備を隣国の企業へ売却することまで検討し、従業員の数千人を解雇しました。

低コスト化は、新工場などの生産で決めるのではなく、設計で決めるものです。そして、決めるのはあなたです。

注：第4章に記載されるすべての事例は、本書のコンセプトである「技術者の育成」のための「フィクション」として理解してください。事実とは異なる部分があります。

「**対岸の火事**」……日本企業は**よぉ**、ちょいとこのことわざを忘れ**ち**まったよ**なぁ**！

厳さん！
僕らの世代でリベンジを果たしますよ！

4-5 鉛筆削り器の30％コストダウンへの具現化

「30％のコストダウン」……実はとても安易な方法があります。それは、単純な比例計算で質量を低減することです。

おぉ、そうかい。
そんなに簡単ならよぉ、コンセンサスやら、コストバランス法なんてよぉ、そんなもん、いらねぇじゃねぇかい！まさお、オメェ確か、数学が得意だったよなぁ？ちょいと教えチくれ！

合点承知！
厳さん、比例計算ができるのは、相関係数が、0.8以上[注]の場合です。項目4-3-2をもう一度、復習しましょう。
注：本書では、「0.8以上」で相関があると定義している。

てぇことはだよ……
鉛筆削り器の場合、質量を低減すれば、相関係数は0.92だから、92％の確率でコスト低減ができると考えてもいいんだぁ？

「確率」の単語に違和感がありますが、本書の中では、厳さんの理解で良しとしましょう。

具体的に言えば、あなたが低コスト化を担当する「商品A」の質量は、図表4-3-1および、図表4-4-6に示す376gですから、$376 \times (1 - 0.3) = 263$ gにすればよく、鉛筆削り器全体を70％にサイズダウンすればそれで終了です。

つまり、普通乗用車を軽自動車にすればよいのです。しかし、それでは商品価値が異なります。普通乗用車と軽自動車を求める客層や購入目的が異なります。これを難しい言葉で「セグメントの相違」と言います。

超低コスト化力

一種類の商品を、客層や購入目的別に分類や分割したものをセグメントという。

4-5-1. 部品分析における30%コストダウンへの具現策

それでは、なるべくセグメントが変わらないための低コスト化戦略を、あなたとともに考えて行きましょう。まずは、部品の低コスト化です。

対策	低コスト化対象の サブ組 または 部品	部品費の低コスト化案	効果予測 現行	効果予測 対策後
1	板金ケース	【対策方針：軽量化】① ケース大カバーと一体化で、本部品削除	86 g	0 g
2	ケース大カバー	【対策方針：軽量化】① 質量を4/5にする。（高さを4/5にする）	86 g	69 g
3	削り子回収ケース	【対策方針：軽量化】① 質量を2/3にする。（高さを2/3にする）	56 g	37 g
【補足】対策2で高さを4/5（20%低くする）、また、対策3では高さ、つまり、削り子の容積を2/3にするのは設計者だけの判断ではできない。顧客への調査が必要となる。		合計	228 g	106 g 差分：－122 g

図表4-5-1 部品に関する低コスト化の具体策

図表4-5-1は、図表4-4-9で示唆された部品の低コスト化への具体策です。今ここで、図表4-5-1のみで低コスト化活動を終了したとします。そうすると、以下のようになります。

① 総質量：376 － 122 ＝ 254 g
② 現状線を使った推定原価：$Y = 0.992 \times 254 = 252$ 円
③ 図表4-4-2の低コスト化効果：$(373 － 252)/373 \times 100 = 32.4 \%$ （121円）

【結論】
図表4-5-1の対策で、32.4%の低コスト化が期待できる。

あれっ、なんかおかしいんじゃねぇかい？
だってよぉ、図表4-5-1の三部品の原価を図表4-4-6で調べると、
13 + 34 + 21 = 68円だぜぃ！

仮に、この三つの部品を削除しても、68/373 × 100 = 18.2%……たった18%の低コスト化だと、厳さんは主張しています。

厳さん！
ここがコストバランス法の特徴です。ここが相関係数を必要とするコストバランス法の特徴なんです。

厳さんの単純足し算は、従来思考による低コスト化活動です。
　一方、コストとコストを決定づけるなんからの要因、例えば、鉛筆削り器の場合はコストと質量の要因間に、相関係数（R）= 0.92[注]が成立しています。
　　注：項目4-3-2を参照。

相関があるからこそ、$Y = 0.992X$の「X」に（376 − 122）= 254gを代入すれば、コスト（原価）= 0.992 × 254 = 252円となり、（373 − 252）/373 × 100 = 32.4%の低コスト化が期待できます。

ひとつの部品が誕生するまでには、材料費、段取り費、加工費、損失費、組立費、保管費、物流費など様々な要因が関わってきます。したがって、厳さんの単純な「足し算・引き算」で考える低コスト化活動ではなく、相関があって初めて成立する「掛け算・割り算」の世界をあなたも体験してください。
　職人なら、理屈はその後です。

超低コスト化力
コストバランス法で質量が削減できたその後は、現状線に代入して低コスト化効果額を予測する。

　上記の「超低コスト化力」は、相関係数が0.8以上であるがゆえに成り立つセンテンスです。

4-5-2. 組立分析における30%コストダウンへの具現策

「これでもか！これでもか！」と、さらなる低コスト化活動を進めていきましょう。部品の低コスト化の次は、組立の低コスト化です。

隣国の巨大企業やEV関連企業が、先を争ってコストバランス法を導入した理由がわかります。つまり、低コスト化活動とは、設計と生産技術の協業と融合で決めていくものです。

さて、項目4-4-5では、「部品点数を優先的に下げる部品はない」、「組立費を優先的に下げる」と示唆されました。その対策は、工賃の低い組立作業員を雇うか、自動組立などが容易に考えられます。自動化とは、思いつきの工程にロボットを導入するのではなく、組立のCB法によって最適工程を決定します。

しかし、本項では、自動化に関する新たな設備投資を回避することと、図表4-4-12における相関係数（R）＝1であることから、あえて、「部品点数の削減」を組立費の低コスト化方針として設定しました。

対策	低コスト化対象のサブ組 または 部品	組立費の低コスト化案	効果予測 現行	効果予測 対策後
4	鉛筆ホルダー組体	【組立費低減化】 ① トーションばねをなくす ② つまり、可動レバーをなくす ③ つまり、鉛筆を挟む機能をなくす ④ 代替案を捻出。目標は部品点数を半減以下	7点	3点
5	ホルダー/ボディ組体	【組立費低減化】 ① 特殊ねじと圧縮ばねをなくす ② 代替案を捻出。目標は部品点数を半減以下	7点	3点
6	ボディ組体	【組立費低減化】 ① 板金カバーを削除するので本組立作業は不要	3点	0点
【補足】鉛筆ホルダー組体における挟む機能をなくすことで、ゴムホルダー組体が不要になる。したがって、部品点数の6点が削減できる。（図表4-4-10参照）		合計	17点	6点 差分：－11点

図表4-5-2　組立に関する低コスト化の具体策

図表4-5-2は、図表4-4-14で示唆された組立部品の低コスト化への具体策です。今ここで、図表4-5-2のみで低コスト化活動を終了したとします。そうすると、以下のようになります。

① 部品点数（述べ）：44 − 11 = 33部品点数
② 現状線を使った推定原価：$Y = 3.27 \times 33 = 108$円
③ 低コスト化効果：$(144 - 108)/144 \times 100 = 25\%$（36円）

【結論】
　　図表4-5-2の対策で、25%の低コスト化が期待できる。

4-5-3．事例：30%コストダウンの具体例

項目4-5-1と項目4-5-2をまとめると、部品による低コスト化効果と組立部品による低コスト化効果は、……

121円 + 36円 = 157円　　157/373 × 100 = 42.1%

なんと30%どころか、40%以上のコストダウンです。
　図表4-5-3は、その具現化です。あえて、イラストで表示しました。

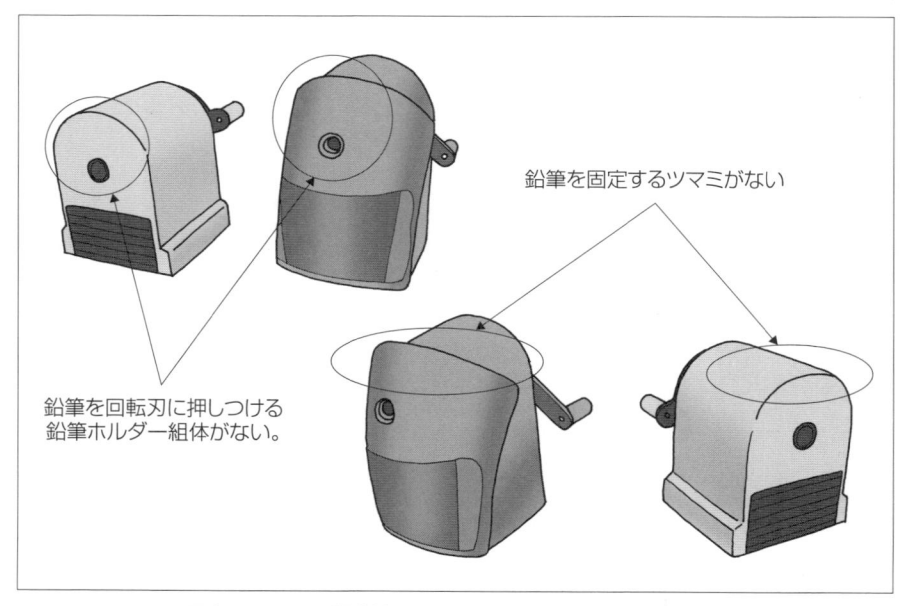

鉛筆を固定するツマミがない

鉛筆を回転刃に押しつける鉛筆ホルダー組体がない。

図表4-5-3　徹底的に低コスト化が施された鉛筆削り器

図表4-5-3が理解できない場合は、次に示すURLにアクセスして、理解を深めてください。

```
【URL】      http://a-design-office.com/somesoft.html
【ソフト名】  No.26：超低コスト化の各種手法
【パスワード】costbalance_mbclk
```

　あなたに再度のお願いです。
　これより先へ急いでページをめくることなく、ここで踏みとどまってください。

　図表4-5-2で示した三つの組立部品に関する低コスト化案と、図表4-5-3の具現化案がピタリと一致しました。ここが重要です。
　コストバランス法は、あれもこれも対策するのではなく、例えば、コストを忘れて質量低減だけを、また、組立費を忘れて部品点数の削減だけを推進していく道具（手法）です。

　これをあなたが担当する商品の簡単な対象物でトライアルしてみましょう。実践なきは、コストバランス法の粗探し（あらさがし）をする日本人技術者特有の、陰湿な技術者の仲間入りとなってしまいます。

　近年の日本人技術者は、粗探し（あらさがし）がお好きなようです。恐らく、コストバランス法は粗だらけかもしれません。しかし、隣国の技術者は、粗探しではなく、どうやったら有効活用できるかだけを考慮してくれました。その理由は簡単でした。給与が年俸制、業務は業務指名制[注]だからでした。
　注：項目1-3-2の「ちょいと茶でも」を参照。

　粗を探しているエネルギと時間を費やしている間に、仲間が有効活用してしまえば、業務指名されません。当然、年俸が下がります。
　日本人技術者のあなたも、コストバランス法の粗（あら）を探す余裕があるならば、是非、トライアルすることにエネルギーと時間を費やしてください。捨てることなら、いつでもできます。

第4章　これならできる！コストバランス法

超低コスト化力・チェックポイント

【第4章における超低コスト化力・チェックポイント】
　第4章における「超低コスト化力・チェックポイント」を下記にまとめました。理解できたら「レ」点マークを□に記入してください。

〔項目4-1：開発手法に関するインフォームドコンセントの完了〕
　① 日本企業の99％を中小企業が占める。これらの企業に最適な低コスト化開発手法は、「コストバランス法」である。　□

〔項目4-2：「これ以上の低コスト化はできない！」の見える化〕
　① もう低コスト化はできない！……この原因は、やる気がないか、道具がないかのどちらかである。道具があれば必ずできる。　□

〔項目4-3：事例：競合機分析から自社商品の実力位置を知る〕
　① 定価や販売価格は、政治的価格で0円もできるが、原価は操作できない。原価は原価である　□

　② コストとコストを決定付けるなんからの要因間の相関係数（R）が、0.8以上（目安）でコストバランス法が使用できる。　□

　③ コストと相関係数が高い要因は、一つとは限らない。その要因を探すことが、コストバランス法成功の秘訣である。　□

　④ コストバランス法による低コスト化活動は、業界線の勾配以下を目指すこと。これが、過去に例のない特徴である。　□

〔項目4-4：事例：自社商品の鉛筆削り器を徹底的に低コスト化〕
① コストバランス法による目標の設定は、勾配（傾き）であり、コストおよびコストと相関の強い要因の組合せで達成する。　□

② コストバランス法は、低コスト化のための明確な手段を示唆してくれる。　□

③ 明確な手段を理解したその後は、「TRIZ40の発明原理とその絵辞書」を使用して、低コスト化のアイデアを抽出する。　□

〔項目4-5：鉛筆削り器の30％コストダウンへの具現化〕
① 一種類の商品を、客層や購入目的別に分類や分割したものをセグメントという。　□

② コストバランス法で質量が削減できたその後は、現状線に代入して低コスト化効果額を予測する。　□

チェックポイントで70％以上に「レ」点マークが入りましたら、5章へ行きましょう。

> 厳さん！
> ずいぶんと中身の濃い第4章でしたね。復習しなきゃ。

> **オイ、まさお！**
> 第5章もちょいと難しいぞ。でも**よぉ**、中1数学のレベルだぜぃ！

第4章　これならできる！コストバランス法

第5章
コストバランス法で材料高騰に緊急対処

- 5-1 事例：低コスト化を実施する商品の現状分析
- 5-2 鋼板の材料高騰に関するコストバランス法の実施
- 5-3 コモディティ別によるさらなるコストバランス法
- 5-4 禁じ手の鋼板フレームを低コスト化設計してみる？
  〈超低コスト化力・チェックポイント〉

厳さん！
僕は、第4章の鉛筆削り器の事例で、コストバランス法を深く理解できましたよ。

オイ、まさお！
オレサマもおんな**シ**だ**ぜぃ**。

しっかし**よぉ**、この第5章の事例は、明日からでも役に立ちそうだ**ぜぃ**。
土建屋の熊さんにも教えてやろうじゃ**ねぇ**かい。

【注意】
第5章に記載されるすべての事例は、本書のコンセプトである「若手技術者の育成」のための「フィクション」として理解してください。

第5章 コストバランス法で材料高騰に緊急対処

5-1 事例：低コスト化を実施する商品の現状分析

　単純な構造の鉛筆削り器の次は、家電品・事務機器などの電気・電子機器からレーザプリンタを選択しました。レーザプリンタは、板金部品、樹脂部品、切削部品、電気・電子部品など多種の工業材料で構成されているので、低コスト化の題材には最適です。一方、コストバランス法を理解する上で、レーザプリンタの構造や仕組みを知らなくても、まったく問題はありません。

　そして、コストバランス法を深く深く応用していきます。深いといっても決して難しい訳ではありません。多少は、高1数学のレベルが含まれる場合もありますが、基本は中1数学のレベルです。したがって、微分も積分もありません。

　どうぞ、気を楽にして本章を理解してください。

　厳さん！　第4章の鉛筆削り器の事例では、競合商品に対抗するための低コスト化活動でした。僕は、十分に理解しましたよ。
　でも、実務においては、低コスト化活動はそれだけではないですよね。

　おぉ、そうだよなぁ。
　実際、大工の立場じゃよぉ、「材料高騰」には、まいっちまったよ。特に鋼材やステンレス材料が悩みの種だぜぃ。

　新商品の開発も激戦ですが、現存する商品のマイナーチェンジの方が設計職人としては多いと思います。

　オレサマもおんなシだぜぃ。
　そんじゃ、第5章は大いに期待するぜぃ。そんじゃ、オイラといっしょに……ついてきなぁ！

　それでは、第5章は**図表5-1-1**に示すレーザプリンタを対象に、本書の今までを復習しながら、コストバランス法で材料の高騰に対処する事例を理解しましょう。

図表5-1-1　各社のレーザプリンタ

5-1-1. レーザプリンタのフレーム用鋼板材料の高騰
以下が材料高騰の状況です。

【状況】
　隣国の工業界が急激に進歩しています。
　そのような状況下で、オリンピックや万国博覧会などが盛んに催されると銅、アルミ、ステンレス、そして、鋼板材料が高騰しました。

　その鋼板ですが、材料単体では約1.2倍の高騰。そして、鋼板を曲げる場合や溶接などの加工費を含めると、「材料＋加工費」の原価（コスト）で従来の約1.5倍というきびしい状況です。

　至急、まさお君は、この高騰に設計変更、つまり、マイナーチェンジで対応することになりました。
　販売価格据え置きで生産を継続しなくてはなりません。生産すればするほど、まさお君の対応が遅延すればするほど、会社は減益傾向となるでしょう。競合が存在する限り、安直な値上げはできません。

まず初めに、レーザプリンタの現状のコストバランスを分析してみましょう。対策前の現状分析（現状把握）が重要です。

もし、病院にたとえるならば、手術前の身体検査や健康診断に相当します。症状の程度や手術に耐えうる体力があるか否かの診断です。

> **超低コスト化力**
> マイナーチェンジにおけるコストバランス法の適用は、現状把握から開始すること。手術前の健康診断に相当する。

5-1-2. コストバランス分析（CB分析）の作成手順

それでは復習を兼ねて、現状レーザプリンタのコストバランス分析（CB分析）を実施します。その前に、……

図表5-1-2に示すように、コストバランス法には、その「見える化」のために、コストバランス分析（CB[注1]分析）とコストモーメント分析（CM[注2]分析）という二つの分析方法があります。すでに、第4章で登場しています。

注1：Cost Balance の略。注2：Cost Moment の略。

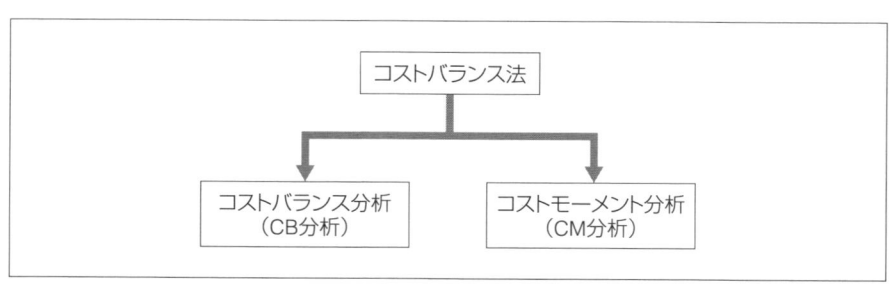

図表5-1-2　コストバランス法におけるCB分析とCM分析

> **超低コスト化力**
> コストバランス法は、コストバランス分析（CB分析）とコストモーメント分析（CM分析）の二つに分類する。

本項では、CB分析の作成手順を解説します。

その前に、大事な確認行為があります。それは、相関係数の確認です。

第4章の項目4-3-2で解説しましたが、重要な確認事項につき、本項でも復習しておきましょう。

コストバランス法を適用するための最重要項目は、相関係数の確認です。コストとコストを決定づけるなんからの要因間に相関がなければ、コストバランス法は成立しません。

相関があるということは、……

$$相関係数（R）\geq 0.8（目安）$$

と、本書では「0.8以上」を定義しています。

さて、レーザプリンタの相関係数ですが、図表4-3-4から相関係数$R = 0.99$なので、コストバランス法が適用できることを確認しました。

超低コスト化力

コストバランス法の適用は、まず、相関係数の確認が必要である。相関係数（R）≧0.8（目安）と本書は定義する。

No.	コストバランス法の適用例	コストと相関がある要因（＊＊＊印は非公開）	クライアントにおける相関係数（参考値）
1	レーザープリンタ（日本、隣国）	質量	0.99
2	デジタルコピー機（日本、隣国）	質量	0.98
3	ダイヤモンド（宝石、装飾品）	質量 カット面数 カラー	0.97 0.91 0.87
4	電子回路	質量 ボード面積 積層数	0.93 0.89 0.88
5	集積回路（IC）	質量 IN-OUT数	0.95 0.91
6	液晶テレビ（隣国）	質量 ＊＊＊	0.96 0.91

厳さん！
図表4-3-4ってこれですよね！

おぉ……あんがとよぉ！
しっかし**よぉ**、相関係数てぇのは**よぉ**、恐ろしいもんだ**ぜぃ**！
重さ計って**だよ**、競合の原価がわかっ**ち**まうんだから**よぉ**！

厳さんのセリフですが、当事務所のコンサルテーション・ノウハウです。それでは、相関係数の確認が取れましたので、CB分析の作成手順に入りましょう。

① 構成部品表の作成：レーザプリンタを部品や構成部品に分類して、**図表5-1-3**のように左の欄を作成する。

No.	部品または構成部品	質量（重さ）〔g〕	コスト（指数）
1	センサー	35	243
2	電気回路	255	1,244
3	レーザ光学系	470	1,718
4	熱圧力定着系	362	1,197
5	鋼板フレーム	944	236
6	配線	93	268
7	用紙トレイ	337	149
8	樹脂カバー類	400	227
9	画像現像系	374	787
10	画像転写系	937	891
	合計	4,207	6,960

図表5-1-3　レーザプリンタの構成部品に関する質量とコスト

② 質量を求める：図表5-1-3の各構成部品の質量（重さ）を測定する。秤（はかり）があれば誰でもできる。計算で求めてもよい。

③ コストを求める：図表5-1-3のコストを求める。あなたにとってコストが不明の場合、購入部品なら、調達/資材/調達部が把握している。内製部品なら、社内の製造部が把握しているはず。図中には「指数」と記述しているが、「円」や「ドル、元、ウォン」などと理解すればよい。

【補足】第2章の項目2-8を復習してほしい。コストを把握できなければ、低コスト化活動はまったくできないことを理解してほしい。

④ プロット（点打ち）：図表5-1-3をもとに、**図表5-1-4**を作図する。中学1年で習ったXY座標に各構成部品をプロットする。項目4-3-4で解説したCB分析ソフトを使用すれば自動作成できるが、本章は復習も兼ねているので、あえて、エクセルを使った基本形で解説する。

コスト
（指数）

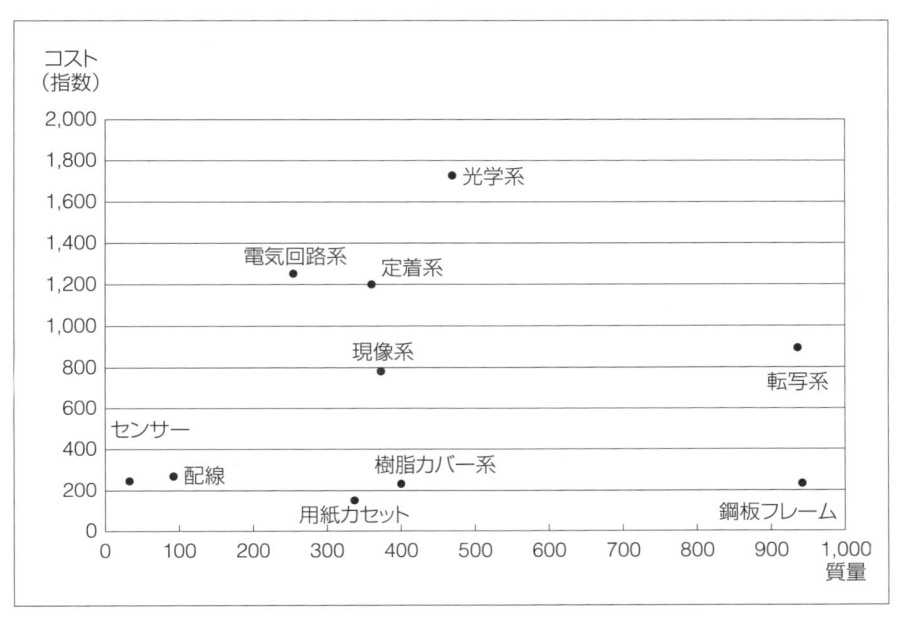

```
2,000
1,800
1,600                       ● 光学系
1,400
1,200     電気回路系   定着系
1,000
 800              現像系
                                        ● 転写系
 600
 400  センサー
      ● 配線      樹脂カバー系
 200
         用紙カセット           鋼板フレーム
   0
    0  100  200  300  400  500  600  700  800  900  1,000
                                                    質量
```

図表5-1-4　レーザプリンタの各構成部品のプロット

① 「$Y = aX$」を求める：次に、**図表5-1-5**の「$Y = aX$」を求める。「a」は、中1数学では「グラフの傾き」、「グラフの勾配」、または、単純に「傾き」と教わった。図表5-1-3の合計欄で、質量合計 = 4207 g、コスト合計 = 6960指数（円）となっている。ここで、図中のX軸が質量、Y軸がコスト指数であるから、

$$a = Y/X = 6960/4207 = 1.65……となる。$$

したがって、$Y = 1.65X$ のグラフを図中に引く。どうやって引くか？
$X = 0$ のとき上式に $X = 0$ を代入すると、$Y = 1.65 \times 0 = 0$ となる。
次に $X = 800$ のとき、上式に $X = 800$ を代入すると $Y = 1.65 \times 800 = 1320$ となる。この2点を図中にプロットする。

　二つのプロットした点を直線定規で結ぶ。これが、$Y = 1.65X$ の直線グラフである。

第5章　コストバランス法で材料高騰に緊急対処

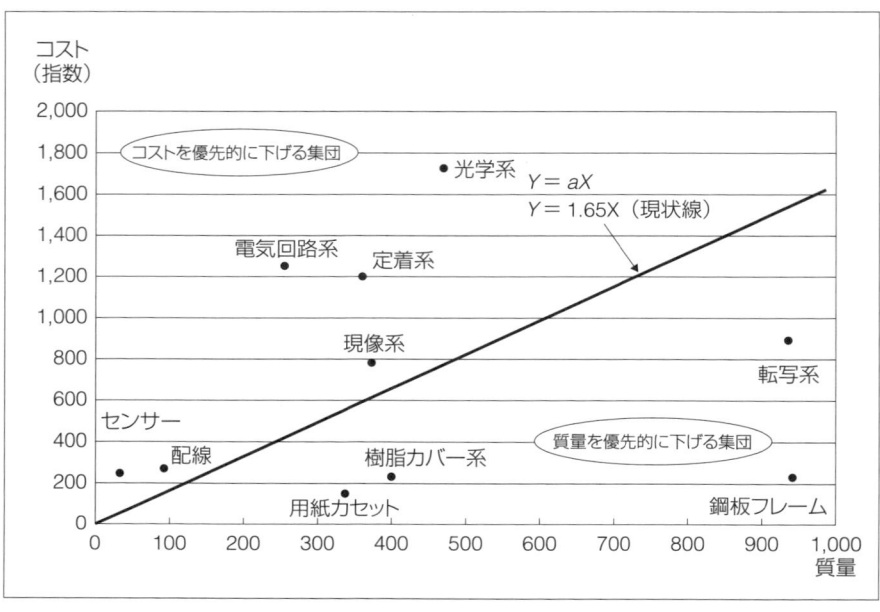

図表5-1-5　CB分析の作図法（$Y=aX$の作図法）

② <u>コストを優先的に下げる集団</u>：図表5-1-5において、$Y=1.65X$より上に位置する構成部品が、「コストを優先的に<u>下げた集団</u>」もしくは、今後、「コストを優先的に<u>下げる集団</u>」として理解する。

③ <u>質量を優先的に下げる集団</u>：図表5-1-4において、$Y=1.65X$より下に位置する構成部品が、「質量を優先的に<u>下げた集団</u>」もしくは、今後、「質量を優先的に<u>下げる集団</u>」として理解する。

CB分析図の作成としては、たったこれだけです。

そして、原点 (0,0) に近い構成部品や、原点から遠くても、$Y=1.65X$軸からの距離が近い構成部品には、低コスト化のための手段を施しません。

この行為を、……

> ① 品質とコストの両立
> ② 品質とコストの設計バランスを取る
> ③ 「大黒柱を削って、屋根が落ちる」を回避する

と表現します。これらは、第3章の復習であり、低コスト化活動の基本形です。

5-1-3. コストモーメント分析（CM分析）の作成手順

それでは、図表5-1-2の右側、つまり、CM分析ができるまでを解説しましょう。

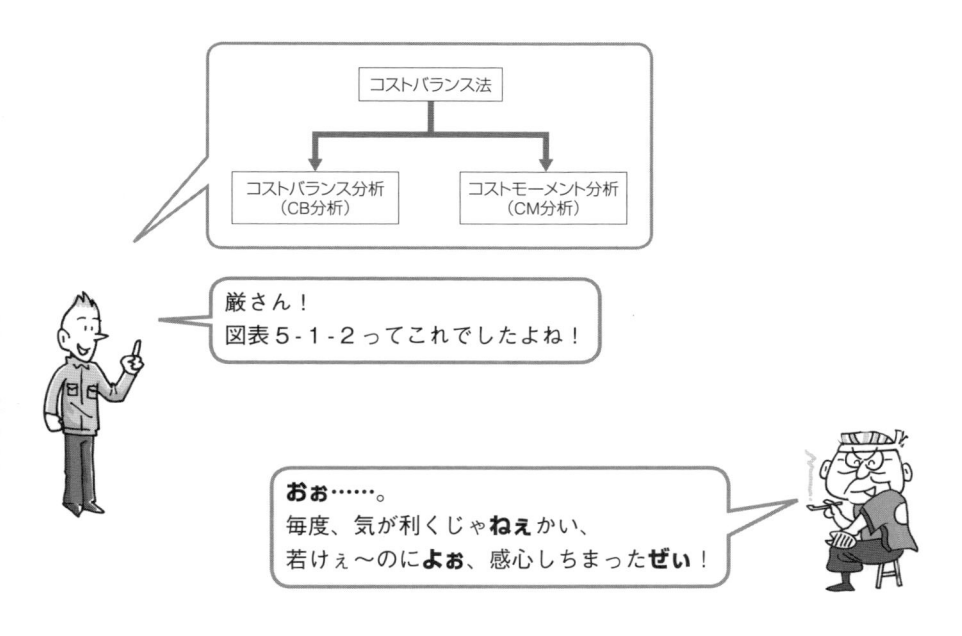

```
        コストバランス法
         ┌──┴──┐
         ▼     ▼
  コストバランス分析  コストモーメント分析
    （CB分析）      （CM分析）
```

厳さん！
図表5-1-2ってこれでしたよね！

おぉ……。
毎度、気が利くじゃ**ねぇ**かい、
若けぇ〜のに**よぉ**、感心しちまった**ぜい**！

厳さん！僕は理数系で、今は技術者ですから、前項のCB分析が「中1数学レベル」というのは理解できます。
でも、文系の営業マンが低コスト化のチームにいたら、「中1数学」を忘れているかも知れません。

おぉ、そうかもなぁ……。
原点（0,0）や、「$Y = 1.65X$軸からの距離」と言ってもなぁ。
そんじゃ、CB分析をCM分析へ変換しようじゃねぇかい！

あっ、そうでしたね。
第4章の鉛筆削り器の事例でもCB分析の後に、もっと、見やすいCM分析が登場していましたね。あれなら、文系の営業マンも低コスト化活動に参加しやすいですよね。

第5章　コストバランス法で材料高騰に緊急対処　189

おぉ、オレサマもそう思うぜぃ！しっかしよぉ、見やすさの反面、副作用[注]もあるってもんよ。　注：この後、本項目内で解説する。
そんじゃ、CM分析をやってみるぜぃ、ついてきなぁ！

本項では、CM分析の作成手順を解説します。

① **コストモーメント**：モーメントとは、物理や力学用語である。このままそちら方面の話をすると、本書のコンセプトから逸脱するので学問用語による解説はここで終了する。

本書におけるコストモーメントとは、**図表5-1-6**に示す原点（0,0）からの$Y=1.65X$軸上の腕の長さをL1とし、L1端部からプロットした点までの垂直に引いた腕の長さをL2としたとき、

$$コストモーメント = L1 \times L2$$

と定義する。

これは、工学系の学校で習う材料工学のモーメントに似ている。なお、本書におけるコストモーメントには単位はない。無次元である。

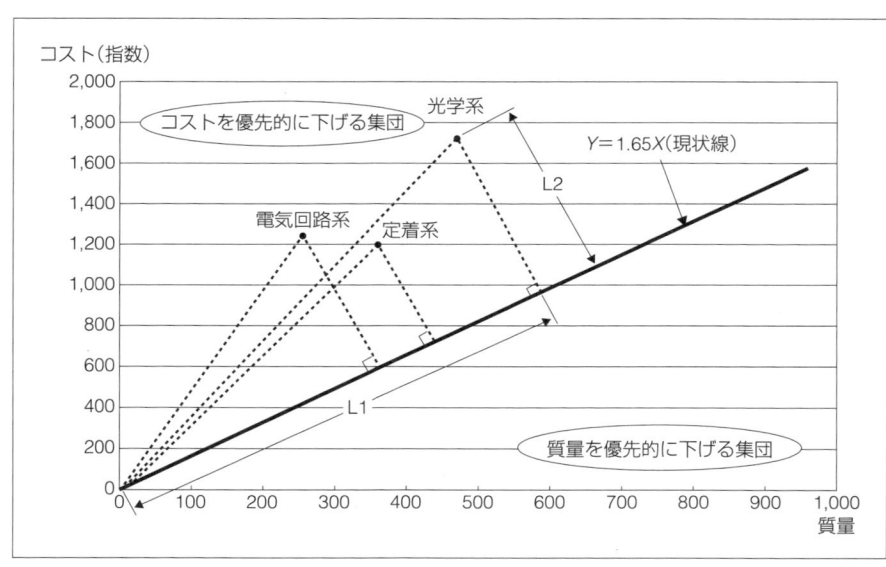

図表5-1-6　CM分析前のコストモーメントの求め方（その1）

② **コストモーメントの計算**：**図表5-1-7**に示すように、全構成部品のL1とL2に相当する腕の長さを計測し、L1×L2＝コストモーメントを計算する。

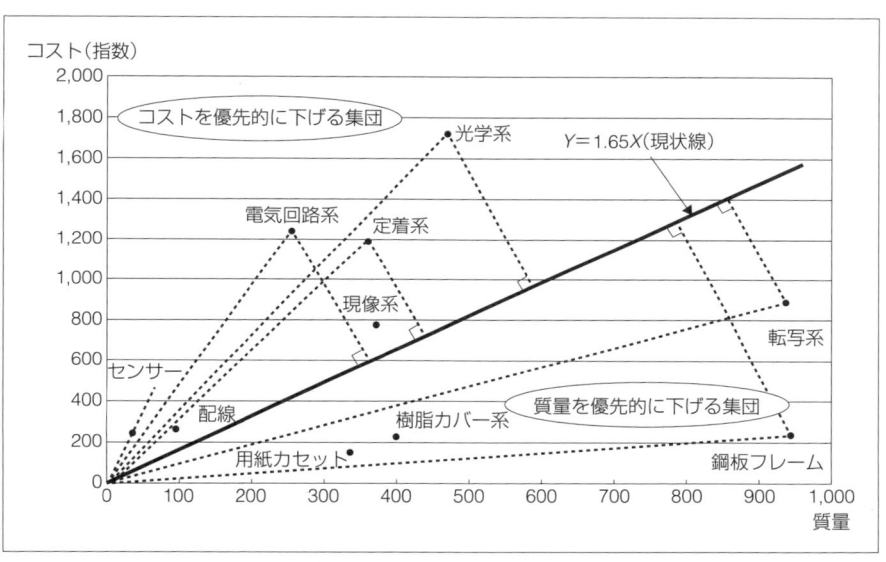

図表5-1-7　CM分析前のコストモーメントの求め方（その2）

③ **CM分析作成**：**図表5-1-8**に示すのが、だれでもよくわかるCM分析である。図表5-1-7で、$Y = 1.65X$ より上に位置していた構成部品は、図表5-1-8のプラス側へ、$Y = 1.65X$ より下に位置していた構成部品は、同、マイナス側へ作図する。

CB分析における $Y = 1.65X$ のグラフは、CM分析では、$Y = 0$、つまり0軸に変換されたと考える。

> 厳さん！
> コストモーメントですが、材料工学のモーメントと同じように、二つの腕の長さを掛け算しただけの話ですよね。

> Zzzz……

第5章　コストバランス法で材料高騰に緊急対処

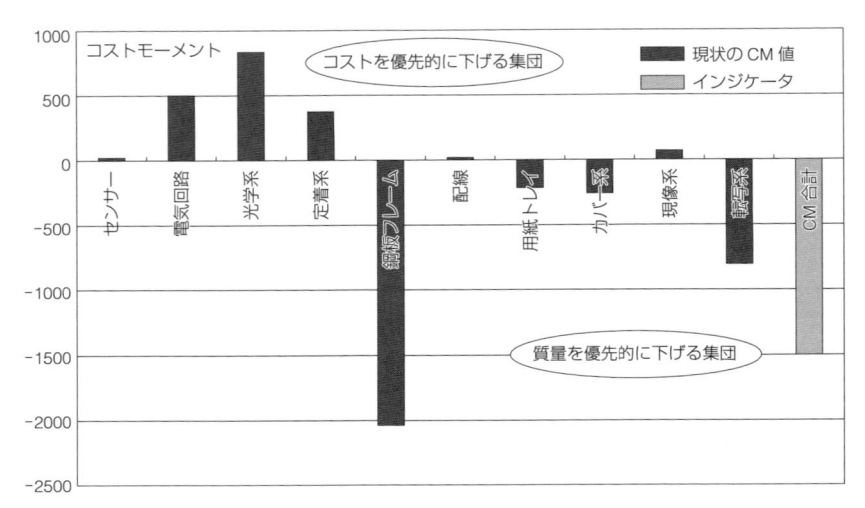

図表5-1-8 CM分析の作図法

④ <u>バランス・インジケータ</u>：図表5-1-8の右端に「バランス・インジケータ」がある。これは全モーメントの合計である。なるべくなら、0軸に近づけた方がコストバランスの「独楽（こま）」は安定していることを示す。つまり、設計バランスがとれていることを意味する。

バランス・インジケータがいくつならバランスが取れている、いくつなら取れていないという定義はない。

図表5-1-8の場合、実際にこのレーザプリンタは市販され顧客に好評であり、少なくとも欠陥商品や社告・リコール対象商品ではないので、図中のインジケータレベルで、「コストバランスが取れている」と理解する。正確に言えば、「コストバランスが取れたことにしよう」と理解する。

超低コスト化力
バランス・インジケータに関して、この数値でコストバランスがとれたという定義はない。

どうだ、まさお！
やっぱよぉ、CB分析よりCM分析の方が断然、見やすいだろがぁ、あん？

そっ、そうですね！でも、厳さん！
さっき、「しっかしよぉ、見やすさの反面、副作用もあるぜぃ」って言っていたではないですか？

おぉ、覚えていやがったかぁ。
それはなぁ、……

　それは、図表5-1-7のCB分析で、$Y=1.65X$の軸上、もしくは、軸近傍に各構成部品のプロットした点が位置した場合、CB分析からCM分析への変換時にコストモーメント≒0になってしまいます。

　その構成部品が、原点近傍にプロットされていた場合は、独楽の要領で無視できますが、原点から遠い場合は、単純な無視はできません。
　このような場合は、あえて、$Y=1.65X$の軸から意図的にずらすなどの細工で、ゼロではなく、とりあえず「見える化」にしておく工夫が必要です。

オイ、まさお！
コストバランス法の説明文は難しいけど**よぉ**、何度か読むと「中1数学」のレベルだよ**なぁ**！
安心した**ぜぃ**。

厳さん！
僕も読み返したら納得できました。
中1数学のレベルですね！
これなら、誰でも使えます！

重複しますが、重要なことを記しておきます。
　それは、第2章の項目2-8を復習してください。本書は「低コスト化手法」に関する専門書です。あなたが、コストを把握できなければ、低コスト化活動はまったくできないことを、もう一度、理解してください。

超低コスト化力

コスト（原価）を把握できなければ、低コスト化活動はまったくできない。

5-1-4. アンバランス要因とカウンターバランスという設計概念

　CM分析におけるバランス・インジケータに関しては、前項で解説しました。
　第4章の鉛筆削り器、本章のレーザプリンタの低コスト化活動において、……

```
① コストバランス法
② コストバランス分析（CB分析）
③ コストモーメント分析（CM分析）
④ バランス・インジケータ
```

という独特な単語の出現に、あなたも新鮮な感覚を得たのと同時に困惑もあったかと思います。
　さて、コストバランス法に関するステップアップとして、さらに理解してほしい単語があります。それは、以下に示す二つの単語です。

```
⑤ アンバランス要因
⑥ カウンターバランス
```

　それではもう一度、図表5-1-8に戻りましょう。
　一見して、図中の中央部に位置する「鋼板フレーム」が大きな「アンバランス要因」であることがわかります。
　「大きなアンバランス要因」とは、第3章の図表3-3-1の独楽（こま）を思い出してください。

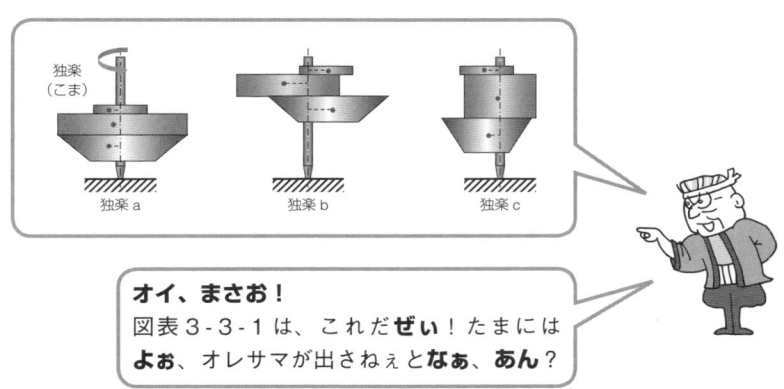

> オイ、まさお！
> 図表3-3-1は、これだ**ぜい**！たまには**よぉ**、オレサマが出さねぇと**なぁ**、**あん**？

> 独楽（こま）のアンバランス要因は、独楽の外観形状を見ただけで判別できますよね？

　図表5-1-8における大きなアンバランス要因である「鋼板フレーム」のカウンター役、つまり、カウンターバランスが、「光学系」、「電気回路」、「定着系」の存在です。

　項目5-1-3のバランス・インジケータの解説で、「図中のインジケータレベルで、コストバランスが取れていると理解する。正確に言えば、コストバランスが取れたことにしよう」と記述しました。

　しかし、大きなアンバランス要因である「鋼板フレーム」の存在と、そのカウンターバランスが存在している限り、これらの部品のコストや質量の小さな変動でもシステムのバランスを大きく揺さぶる影響大の部品であると認識すべきです。これも、コストバランス法の特徴です。

超低コスト化力
コストバランス法のステップアップとして、「アンバランス要因」という概念を理解しよう。

超低コスト化力
コストバランス法のステップアップとして、「カウンターバランス」という概念を理解しよう。

　以上で、コストバランス法による現状分析（現状把握）が終了しました。

簡単にまとめると、対象商品であるこのレーザプリンタは量産中であり、顧客からのクレームや大きなトラブルもなく品質、および、販売面からも安定商品であることから、……

① 図表5-1-8のバランス・インジケータは、このレベルで安定と考える。
② 大きなアンバランス要因は、「鋼板フレーム」である。
③ 鋼板フレームに対してのカウンターバランスは、「光学系」と「電気回路」と「定着系」である。
④ 大きなアンバランス要因である鋼板フレームの存在と、そのカウンターバランスが存在している限り、これらの部品のコストや質量の小さな変動でも、システムのバランスを大きく揺さぶる影響大の部品である。

文章で表現すると、……

> 図表5-1-7の独楽（こま）が、「鋼板フレーム」という大きなアンバランス要因を有しているにもかかわらず、安定回転している。
>
> その理由は、「鋼板フレーム」のカウンターバランスである「光学系」と「電気回路」と「定着系」が回転バランスをとっているためである。
> その安定度は、図表5-1-8のインジケータが示すレベルである。
>
> したがって、これらの部品のコストや質量の小さな変動でもシステムのバランスを大きく揺さぶる影響大の部品である認識が必要である。

となります。

> 厳さん！
> ちょっと難しくなってきましたね！

> **でぇじょうぶだぁ、まさお！**
> もう少し我慢しろ。
> 我慢の後は、きっと明るくなる**ぜぃ**！
> オイラに、**ついてきなぁ**！

5-2 鋼板の材料高騰に関するコストバランス法の実施

対象となるレーザプリンタの現状分析が把握できましたので、標題の件に入りましょう。項目5-1-1で記載した課題の一部を、以下に再掲載します。

【状況】
　銅、アルミ、ステンレス、そして、鋼板材料が高騰しました。
　その鋼板ですが、材料単体では約1.2倍の高騰。そして、鋼板を曲げる場合や溶接などの加工費を含めると、「材料＋加工費」の原価（コスト）で従来の約1.5倍というきびしい状況です。

　至急、まさお君は、この高騰に設計変更、つまり、マイナーチェンジで対応することになりました。

ここで、重要な注意事項があります。

もう一度、図表5-1-8のCM分析をみてください。
第4章の鉛筆削り器同様、レーザプリンタの新規開発で競合機に対抗する場合は、「光学系」と「電気回路」と「定着系」が、「コストを優先的に下げる集団」であるがゆえに、積極的にコストを下げる活動を実施します。
一方、「質量を優先的に下げる集団」である「鋼板フレーム」と「転写系」は、徹底的に質量を下げる活動を実施します。

しかし、本項は鋼板材料の高騰対策、つまり、マイナーチェンジの事例および、その解決方法を解説します。
コストバランス法に関して、競合機に対抗する新規開発と、材料高騰に対処するマイナーチェンジの違いを理解してください。

> **超低コスト化力**
> コストバランス法に関して、競合機に対抗する新規開発と、材料高騰に対処するマイナーチェンジのアプローチは異なる。

　厳さん！
　同じ道具でも使い方が異なるのですね。
　厳さん！

Zzzz……

5-2-1. マイナーチェンジの方針を決定する

　当事務所は、ある大手企業のプリンタ部門をクライアント企業としています。
　以降の事例は、中型や大型のプリンタに不可欠な鋼板フレームの低コスト化に寄与したCB法の事例です。言い換えれば、「鋼材急騰の低コスト化対策」の事例です。

　それでは、再度、図表5-1-7のCB分析を見てみましょう。
　まず、鋼板フレームや転写系や光学系は、原点やバランス軸から離れているために、大きなアンバランス要因であることがわかります。

　今ここで、鋼板フレームの鋼材が高騰し、前述のように材料コストを含めた部品コストが1.5倍になりました。この状態は、**図表5-2-1**のCB分析における右下隅の■印の位置となります。
　図中の現状線 $Y = 1.65X$ は、点線で示す $Y = 1.68X$ に変動します。いわゆる傾きが上昇しました。第4章で解説した鉛筆削り器の低コスト化活動とは逆の現象です。

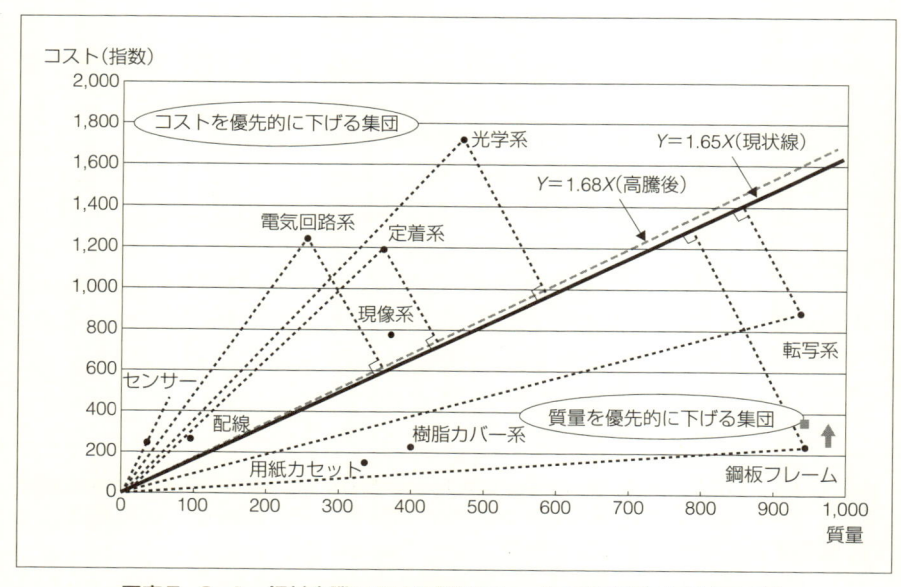

図表5-2-1　鋼材高騰における鋼板フレームの位置変動と傾きの変動

　次に、CM分析ですが、**図表5-2-2**におけるCM値変動分で表現することができます。

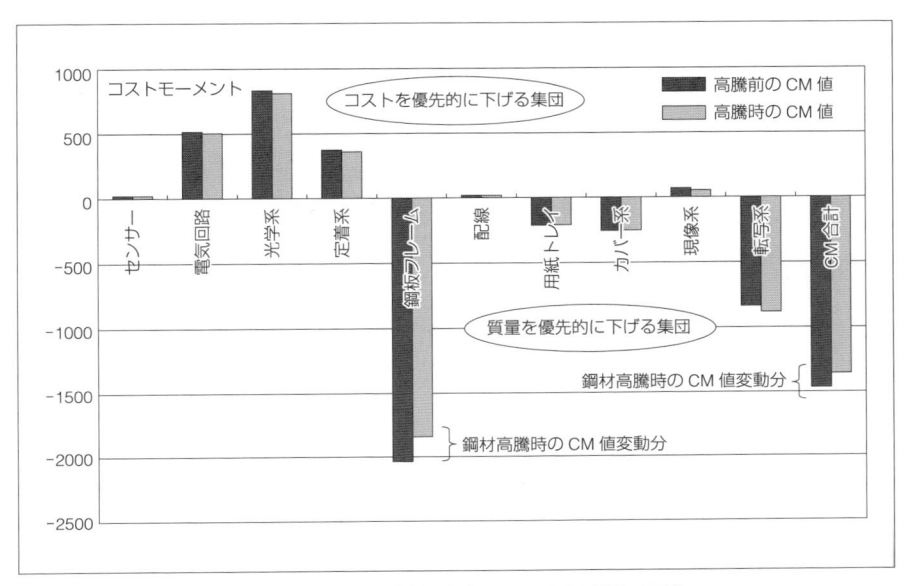

図表5-2-2 鋼材高騰時におけるCM値の変動

以上の分析から、具体的な設計変更の方針案は、……

① システム上の大きなアンバランス要因である鋼板フレームの設計変更は極力着手しない。(マイナーチェンジとしてはリスクが大きい)
② 鋼板フレームは、設計以外の調達や生産部門などで低コスト化を図ることを同時検討する。
③ 低コスト化活動は、カウンターバランスの光学系と電気回路と定着系に分散して施す。

結論として、このクライアント企業では、③を主体として対策活動を遂行しました。この先、詳細に解説しましょう。また、「カウンターバランス」という単語にも注目してください。
このときの最終目標は、システムとしてCM合計値を元の値に近づけながら、CB分析におけるバランス軸の傾きaを保持する活動を実施しました。

コストと質量の変動で常に変化するバランス軸の傾きaを保持することが、最適を「見える化」にしたCB法の特徴です。ここは、押さえるべきポイントです。

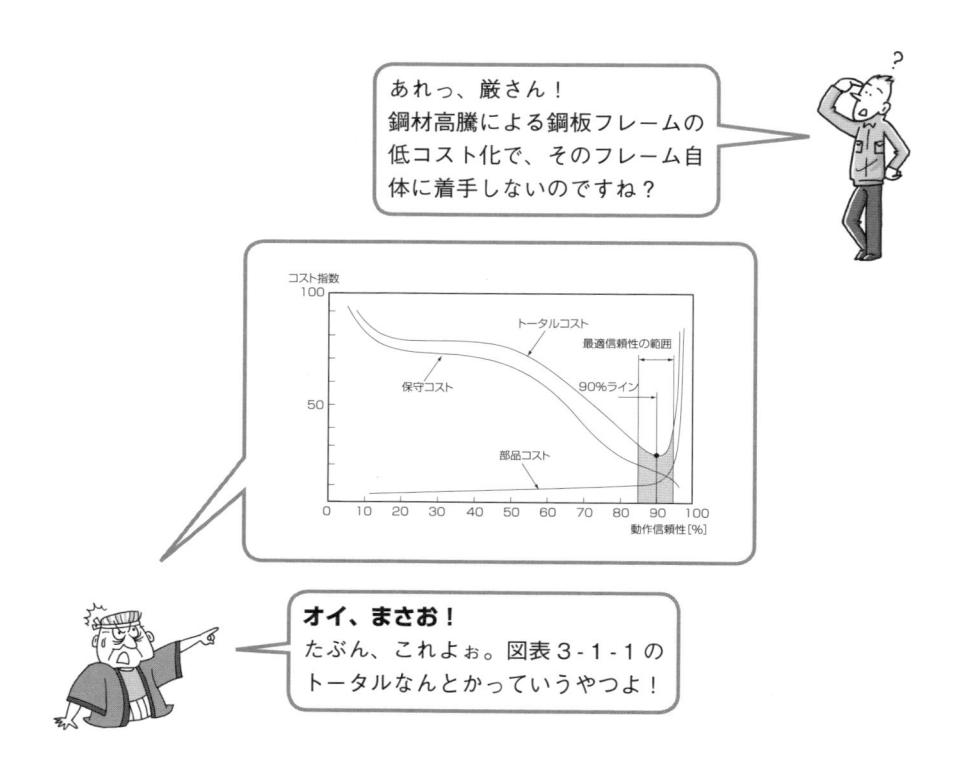

> あれっ、厳さん！
> 鋼材高騰による鋼板フレームの低コスト化で、そのフレーム自体に着手しないのですね？

> オイ、まさお！
> たぶん、これよぉ。図表3-1-1のトータルなんとかっていうやつよ！

「鋼材高騰に対する低コスト化対策にもかかわらず、鋼板フレーム自体に着手しない」……ここも、設計職人としては押さえるべきポイントです。

「大黒柱を削って屋根が落ちる」[注]を回避するために、コストバランス法を選択し、本来は低コスト化の対象部品であったフレームに着手するのではなく、カウンター役の「光学系」と「電気回路」と「定着系」に着手したのです。
注：項目3-1-3を参照

ところで、「光学系」と「定着系」とは何でしょうか？
前者は、レーザビームを感光体表面へ走査（スキャン）する精密な光学装置です。後者は、静電気の作用で用紙上に文字や映像を形成して付着した黒い粉（トナー）を、熱と圧力でその用紙に固着させる装置です。
ともに重要な部品ですが、大きな問題を抱えています。それは、……。

ちょいと茶でも……

光学系と定着系はレーザプリンタの高コスト癌細胞

それは、光学系と定着系……前頁の最後の解説で、それぞれの役目を理解できたと思います。

さて、**図表5-2-3**は、レーザプリンタの構造を示す概略図です。特に、光学系と定着系に注目してください。

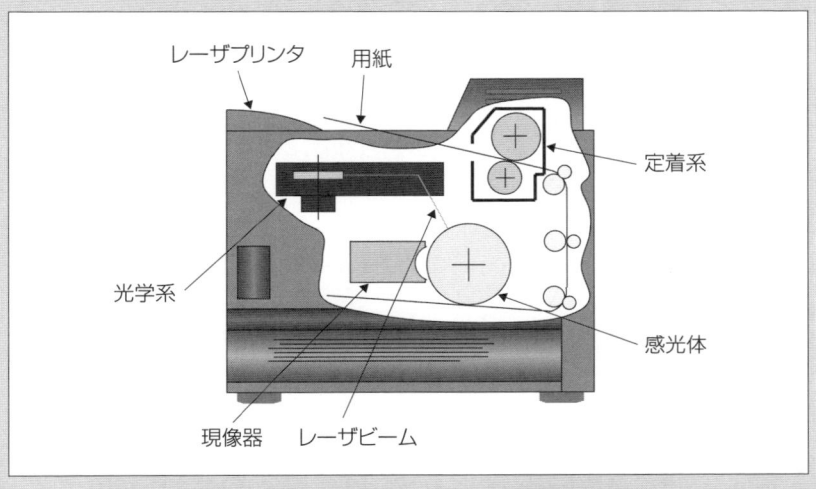

図表5-2-3　レーザプリンタの概略構造

次に、前項目の図表5-2-2を見てください。鋼板フレームのカウンターバランスは、光学系と定着系と解説してきましたが、実は、高コストなる両部品のカウンターバランスが鋼板フレームだったのです。

近い将来、隣国を含めたレーザプリンタやデジタル複写器が激戦へと突入します。性能は当たり前で、低コスト化による激戦です。

当事務所は、ある大手企業のプリンタ部門をクライアント企業にしていますが、脱レーザ光学系、脱熱定着系を強力に推進してきました。

コストバランス法を導入していなければ、プラズマTV[注]や液晶TV[注]の二の舞になっていたでしょう。注：第4章の項目4-4-5を参照。

5-2-2. 事例：具体的な設計変更の手順

鋼材の高騰分によるフレームのCM値変動分を、光学系と電気回路と定着系の各々が後述する2.9%のコスト低減率で吸収します。

この先、具体的にその手順を解説します。

① **対策方針を図表で見る**：コストダウンの状況を、**図表5-2-4**にまとめた。材料高騰による鋼板フレームは、236から354指数へと上昇した。354 − 236 = 118指数の差分を、カウンターバランスの「電気回路」と「光学系」と「定着系」が補うことにする。

$(1244 + 1718 + 1197) \times x \geq 118$ で、$x \geq 2.8\%$ であり、ほんの少し欲張って、$x = 2.9\%$ を目標とした。

No.	部品または構成部品	質量（重さ）〔g〕	コスト（指数）		
			現行	高騰時(1.5倍)	対策(2.9%減)
1	センサー	35	243	—	—
2	電気回路	255	1,244	—	1,208
3	レーザ光学系	470	1,718	—	1,668
4	熱圧力定着系	362	1,197	—	1,162
5	鋼板フレーム	944	236	354	—
6	配線	93	268	—	—
7	用紙トレイ	337	149	—	—
8	樹脂カバー類	400	227	—	—
9	画像現像系	374	787	—	—
10	画像転写系	937	891	—	—
	合計	4,207	6,960	7,078	6,957 (≒6,960)

図表5-2-4　材料高騰から対策までのコスト指数

② **CB分析**：もとにもどって、図表5-2-1を参照しよう。現状線 $Y = 1.65X$ の傾きは、図表5-2-4から $6960/4207 = 1.65$ であり、それが高騰時には、$7078/4207 = 1.68$ の傾きとなり、$Y = 1.68X$ となった。これを前述した対策で、$6957/4207 = 1.65$ の $Y = 1.65X$ に戻す。

③ **CM分析**：図表5-2-4に記載される質量と対策欄のコストデータで、図表5-2-5に示すCM分析を作成する。

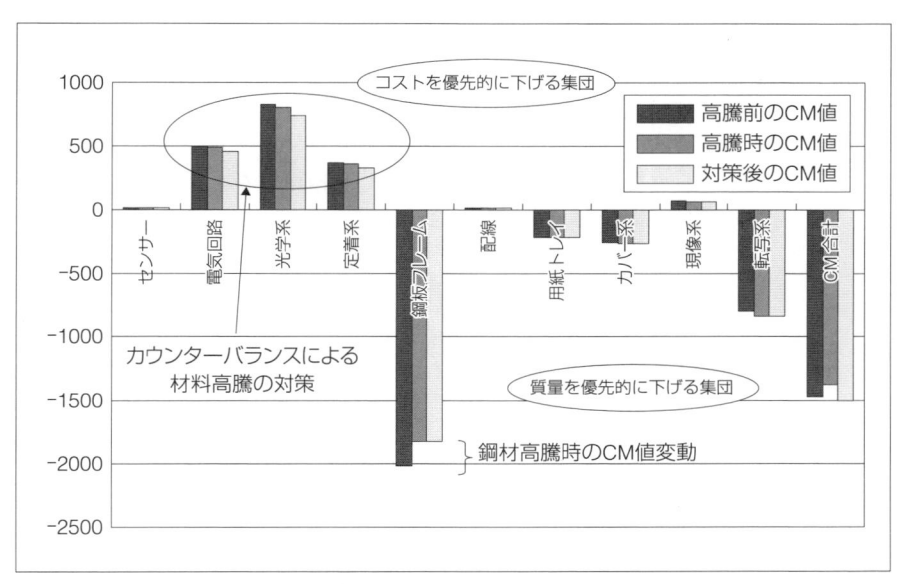

図表5-2-5 高騰前（現行）と高騰時と対策後におけるCM分析とその変動

④ **バランス・インジケータ**：図表5-2-5右端のバランス・インジケータに注目する。対策後のCM値は、変動した高騰時のCM値を現行のCM値に極力戻していることに注目してほしい。

⑤ **対象部品である鋼板フレームのCM値**：図表5-2-5のほぼ中央部に、材料高騰の対象部品である「鋼板フレーム」がある。材料高騰でそのCM値が変動したが、対策後もそのままであることに注目してほしい。鋼板フレームには、何も着手していないことを示している。

⑥ **カウンターバランス**：図表5-2-5において、最大のアンバランス要因が、「鋼板フレーム」である。また、それに対向するカウンターバランスは、0軸より上に位置している「電気回路」と「光学系」と「定着系」であり、これらが、材料高騰分を補うことに決定した。その詳細な理由は、項目5-4で解説する。

⑦ **カウンターバランスのCM値**：図表5-2-5の左上方部に、カウンターバランスの「電気回路」と「光学系」と「定着系」が存在する。
この三つの部品に関するCM値に注目する。それぞれのコストに対して2.9%減を施したその結果が表示されている。

⑧ **カウンターバランスにおけるコストダウンの方法**：いくら、カウンターバランスと言われても、やすやすと「コストを優先的に下げる集団」には応えられない。そこで、以下の方法を指南する。
   a．電気回路と光学系と定着系のそれぞれに関して、部品と組立のCB分析とCM分析を実施する。次項で詳細に解説する。
   b．コモディティ別[注]に関するCB分析とCM分析を実施する。
      注：項目5-3で解説する。

5-2-3. 定着系に関するコストバランス法の深掘り

前述、「a．電気回路と光学系と定着系のそれぞれに関するCB分析とCM分析を実施する」と記述しました。本項では、その事例として「定着系」を選択し、そのCB分析とCM分析を解説します。**図表5-2-6**は、定着系のCB分析です。

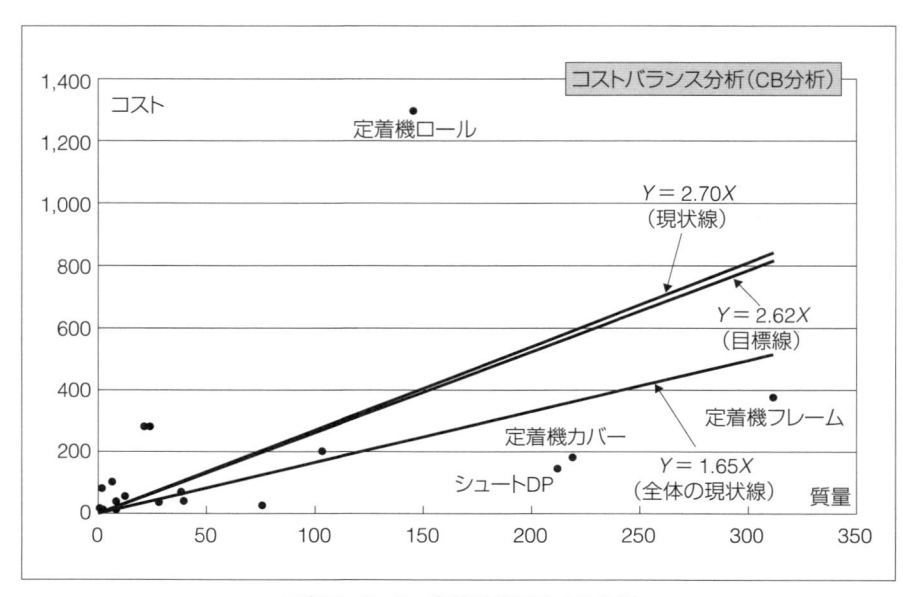

[グラフ：コストバランス分析（CB分析）。横軸：質量（0〜350）、縦軸：コスト（0〜1,400）。データ点に「定着機ロール」「定着機カバー」「定着機フレーム」「シュートDP」等。直線 $Y = 2.70X$（現状線）、$Y = 2.62X$（目標線）、$Y = 1.65X$（全体の現状線）]

図表5-2-6 定着系おけるCB分析

続いて、**図表5-2-7**は定着系のCM分析です。

それでは、もう一度、図表5-2-6に戻ってください。定着系の現状線は、$Y = 2.70X$であり、ここに目標の2.9%減を加味すると、$Y = 2.62X$となります。これが第4章で解説した鉛筆削り器のコストダウン同様、勾配aに関する目標値となります。($Y = aX$)

図表5-2-7は、この目標値（目標線）に対して計算されたCM分析です。

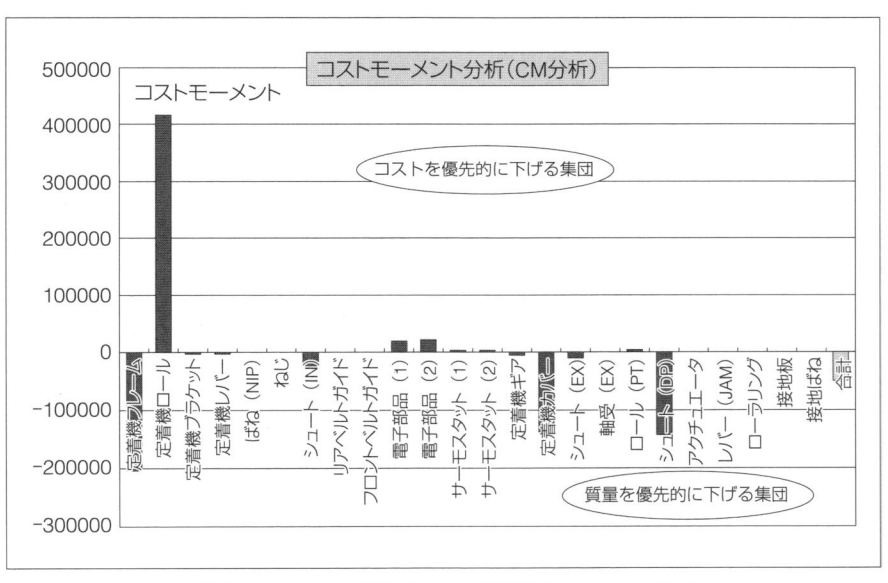

図表5-2-7　定着系おける目標線に対するCM分析

以上の分析から、定着系に関する低コスト化方針は、……

① 定着機ロールの<u>コスト</u>を2.9%削減する。
② 定着機フレームの<u>質量</u>を2.9%削減する。 ⎫
③ 定着機カバーの<u>質量</u>を2.9%削減する。 ⎬ 低コスト化活動の優先順位
④ シュートDPの<u>質量</u>を2.9%削減する。 ⎭

となります。

> **超低コスト化力**
>
> コストバランス法は、全体構成の分析から低コスト化対象物を選定し、さらに、その対象物もコストバランス法で分析する。

　前述した低減策のすべてを、設計者であるあなたが請け負う必要はありません。生産技術部や調達部（資材部）など、全社で取り組むべきです。

　そこで、生産技術部にとっての道具（手法）が、組立に関するコストバランス法であり、調達部（資材部）にとっての道具（手法）が、コモディティ別に関するコストバランス法です。

　組立に関するコストバランス法は、項目4-4-5と項目4-5-2の鉛筆削り器の事例で解説しました。したがって、本項ではコモディティ別のコストバランス法を解説します。

5-3　コモディティ別によるさらなるコストバランス法

　厳さん、コモディティって何ですか？
　なんか。南島にいるトカゲのような名前ですね？

　コモディティっていうのはよぉ、学者は何ていうかはしんねぇけど、新聞をめくると「東証一部」という株式のページがあんだろう。

　あの、細かい文字のページですね。

　その通りです。
　左上から、「水産・鉱業」、「建設」、「食品」、「繊維・紙」と並んでいます。そこで、本書におけるコモディティとは、「板金」、「樹脂」、「切削」、「ゴム・スポンジ・シール」、「電気・電子部品」などの分類を「コモディティ」と呼んでいます。

5-3-1. 事例：コモディティ別の低コスト化活動

図表5-3-1と図表5-3-2は、定着系に関するコモディティ別CB分析とCM分析です。

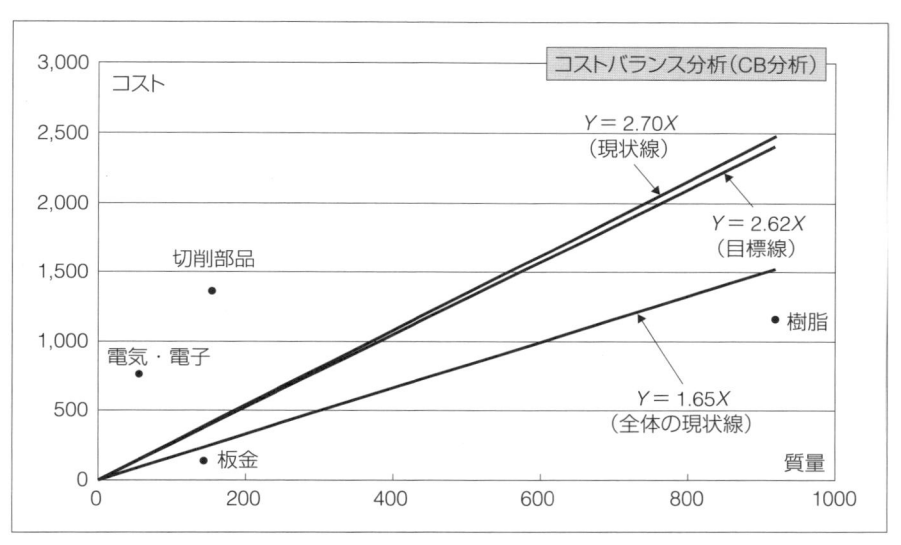

図表5-3-1　定着系のコモディティ別CB分析

コストバランス分析（CB分析）

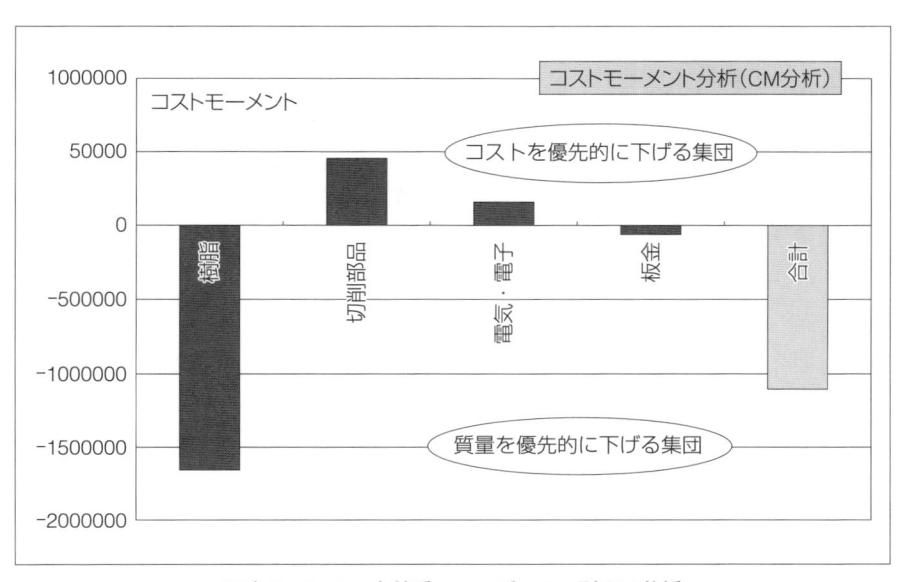

$Y = 2.70X$（現状線）
$Y = 2.62X$（目標線）
$Y = 1.65X$（全体の現状線）

図表5-3-2　定着系のコモディティ別CM分析

コストモーメント分析（CM分析）

コストを優先的に下げる集団
質量を優先的に下げる集団

第5章　コストバランス法で材料高騰に緊急対処

このときのコモディティは、「樹脂」、「切削部品」、「電気・電子」、「板金」の四種です。本項における「電気・電子」とは、定着系だけに関わる電気・電子部品です。
　以上の分析から、定着系に関する低コスト化方針は、……

① 樹脂の質量を2.9%削減する。
② 切削部品のコストを2.9%削減する。　　　　低コスト化活動
③ 電気・電子部品のコストを2.9%削減する。　の優先順位

となります。
　板金の低コスト化活動は、実施しません。その分、第一優先である樹脂部品の質量低減に努力すべきです。また、板金に着手した場合、トータルコストデザインの90%ライン[注1]を踏み外し、「大黒柱を削って、屋根が落ちる」[注2]に陥ります。

注1：第3章の項目3-1-1と項目3-1-2を参照。
注2：第3章の項目3-1-3を参照。

　一方、コモディティ別のコストバランス法は、調達部（資材部）にも明確な目標を提示することができました。（項目1-3を参照）

> **超低コスト化力**
> 「板金」、「樹脂」、「切削」、「ゴム・スポンジ・シール」、「電気・電子部品」などの分類を「コモディティ」と呼ぶ。

> **超低コスト化力**
> コモディティ別のCB分析とCM分析は、調達部（資材部）への明確な指示を提示できる。

> オイ、まさお！
> ずいぶんとよぉ、深みにはまってきたじゃ**ねぇ**かい。
> ここらでよぉ、身を引き締めようじゃ**ねぇかい**！

> 厳さん！
> 僕にも徹底した低コスト化活動ができそうです。

5-3-2. これでもか！これでもか！とコストバランス法の醍醐味

　厳さんの言う通り、ずいぶん深いところまで低コスト化活動を進めてきました。ここで今までを振り返って、**図表5-3-3**にまとめておきました。

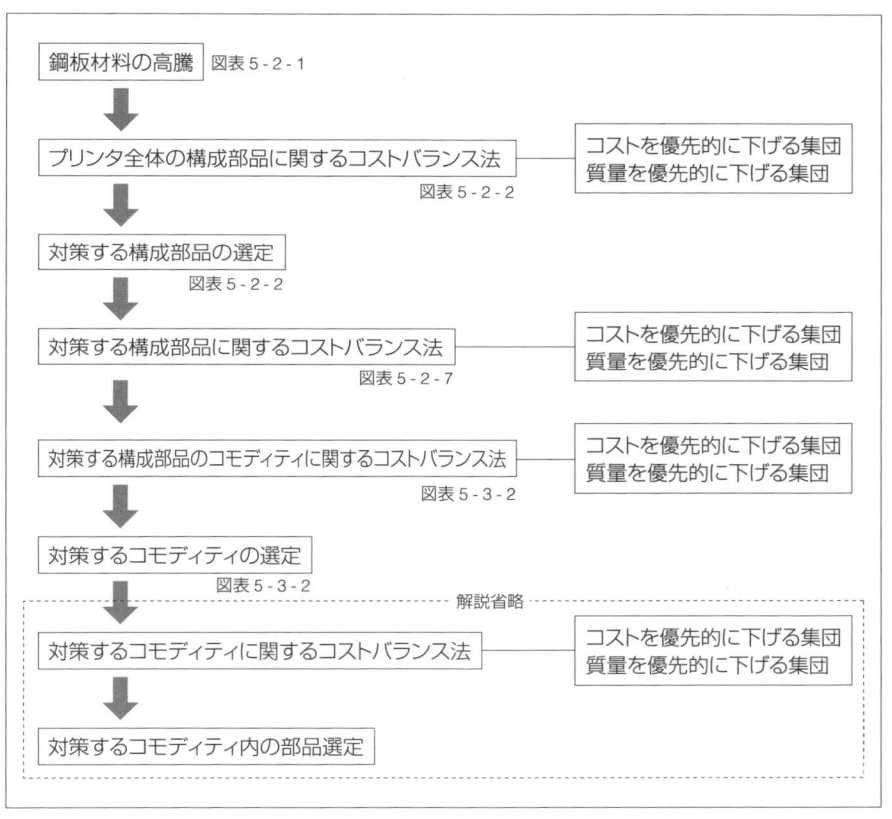

```
┌──────────────────┐
│ 鋼板材料の高騰 │ 図表5-2-1
└──────┬───────────┘
       ▼
┌──────────────────────────────────┐   ┌──────────────────┐
│ プリンタ全体の構成部品に関するコストバランス法 │──│ コストを優先的に下げる集団 │
└──────┬───────────────────────────┘   │ 質量を優先的に下げる集団 │
       │          図表5-2-2              └──────────────────┘
       ▼
┌──────────────────┐
│ 対策する構成部品の選定 │
└──────┬───────────┘
        図表5-2-2
       ▼
┌──────────────────────────────────┐   ┌──────────────────┐
│ 対策する構成部品に関するコストバランス法 │──│ コストを優先的に下げる集団 │
└──────┬───────────────────────────┘   │ 質量を優先的に下げる集団 │
       │          図表5-2-7              └──────────────────┘
       ▼
┌──────────────────────────────────────┐ ┌──────────────────┐
│ 対策する構成部品のコモディティに関するコストバランス法 │─│ コストを優先的に下げる集団 │
└──────┬───────────────────────────────┘ │ 質量を優先的に下げる集団 │
       │          図表5-3-2                └──────────────────┘
       ▼
┌──────────────────┐
│ 対策するコモディティの選定 │
└──────┬───────────┘
        図表5-3-2
       │                                    解説省略
┌ ─ ─ ─▼ ─ ─ ─ ─ ─ ─ ─ ─ ─ ─ ─ ─ ─ ─ ─ ─ ─ ─ ─ ─ ─ ─ ─ ─ ┐
│┌──────────────────────────────────┐ ┌──────────────────┐│
││ 対策するコモディティに関するコストバランス法 │─│ コストを優先的に下げる集団 ││
│└──────┬───────────────────────────┘ │ 質量を優先的に下げる集団 ││
│       ▼                                └──────────────────┘│
│┌──────────────────┐                                         │
││ 対策するコモディティ内の部品選定 │                         │
│└──────────────────┘                                         │
└ ─ ─ ─ ─ ─ ─ ─ ─ ─ ─ ─ ─ ─ ─ ─ ─ ─ ─ ─ ─ ─ ─ ─ ─ ─ ─ ─ ─ ─ ┘
```

図表5-3-3　何度でも深掘りできるコストバランス法

　他の低コスト化手法と比べてみてください。
　コンピュータ時代にふさわしく、そして、唯一、「品質とコストの両立」を第一優先に構築された「コストバランス法」が現代には最適です。隣国の大企業が独占採用したその理由が理解できたかと思います。

> **超低コスト化力**
> これでもか！と何度も深掘りできるコストバランス法は、「品質とコストの両立」を優先した唯一の開発手法である。

5-4 禁じ手の鋼板フレームを低コスト化設計してみる？

　鋼材の高騰を鋼板フレームではなく、それに対向するカウンターバランスの「電気回路」と「光学系」と「定着系」で対策したその理由が本項で理解できます。

　それでは、禁じ手の鋼板フレーム自体をCB法で分析してみましょう。
　図表5-4-1がレーザプリンタの鋼板フレームです。板金をせん断し、曲げて溶接して製造します。鋼板フレーム自体を板金による子部品が集結したシステムと捉えてCB法にかけたのが、次ページの**図表5-4-2**です。

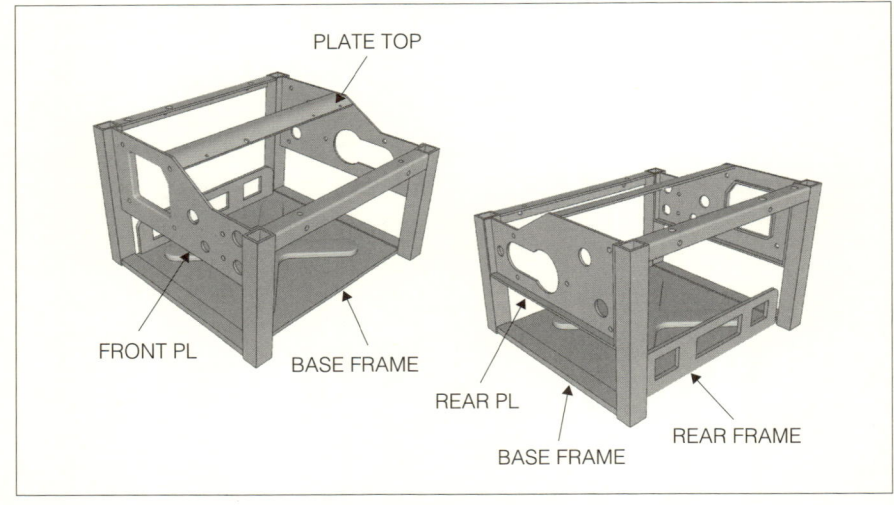

図表5-4-1　レーザプリンタのフレーム構成

　　あれっ、厳さん！　確か、……
　　項目5-2-1で、「システム上の大きなアンバランス要因である鋼板フレームの設計変更は極力着手しない」と決めましたよね？

　　おぅ、その通りだぜぃ！
　　だからよぉ、学問じゃねぇんだ、職人としてちょいと試しにやってみようじゃねぇかい？　んだからよぉ、オイラについてきなぁ！

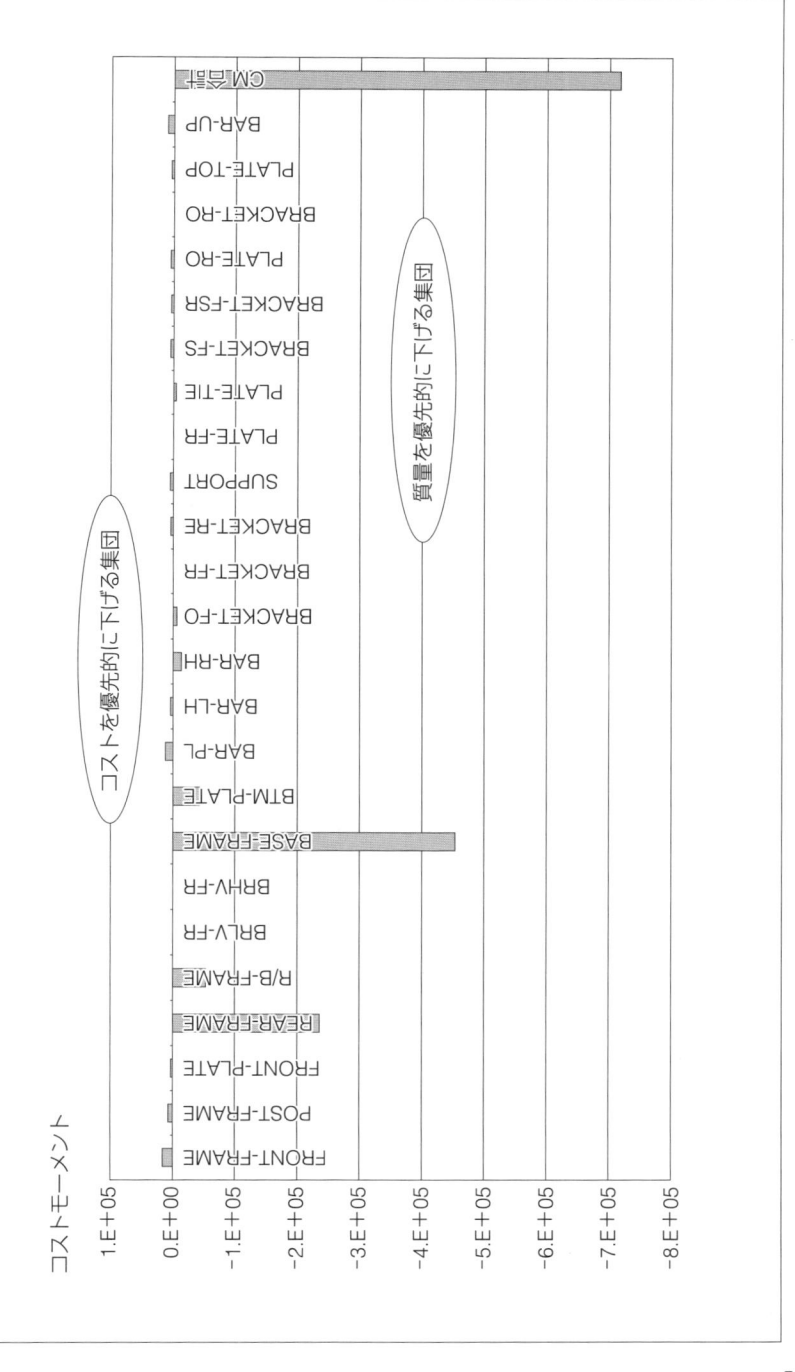

図表 5-4-2 レーザプリンタ用鋼板フレームの CM 分析

まさお君の言う通り、この鋼板フレームは、図表5-2-2で示したレーザプリンタのシステムから見ても一番のアンバランス部品でした。一方、鋼板フレーム自体もアンバランスな設計であることが、図表5-4-2のCM合計（バランス・インジケータ）から推定できます。

　その理由ですが、……
　注目すべきは、大きなアンバランス要因である「BASE FRAME」のカウンター役となる部品が存在していないことです。
　つまり、低コスト化するならば、「BASE FRAME」をCM分析の指示通りに軽量化へと設計変更することになります。しかし、「BASE FRAME」は、その名の如く構造物の土台（BASE）となる重要な役目の部品です。着手厳禁、禁じ手の部品と判断しました。

　この分析から、ますます、鋼板フレームの低コスト化は禁じ手であることが裏づけられました。

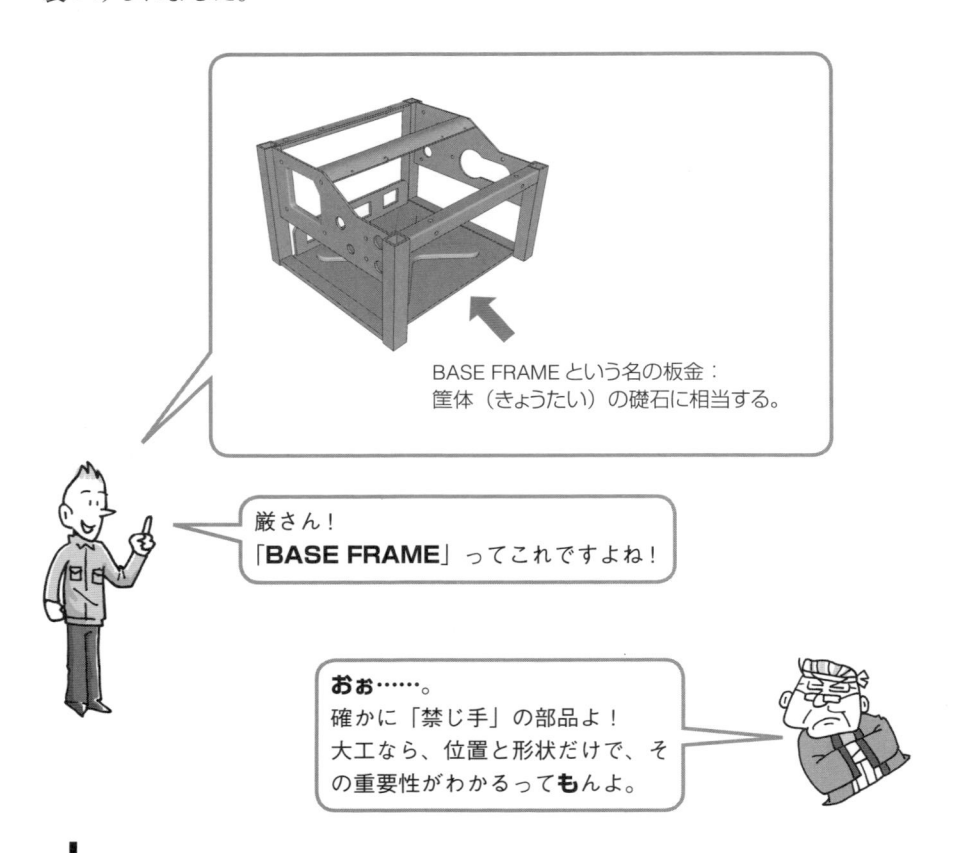

BASE FRAME という名の板金：
筐体（きょうたい）の礎石に相当する。

厳さん！
「**BASE FRAME**」ってこれですよね！

おぉ……。
確かに「禁じ手」の部品よ！
大工なら、位置と形状だけで、その重要性がわかるって**もんよ**。

一般的に、この鋼板フレームだけをコストダウン手法で設計変更する場合がありますが、前述のように、「大黒柱を削って屋根が落ちる[注]」場合があります。
　注：項目3-1-3を参照）

　具体的に言えば、鋼板フレームの……
　　① 変形
　　② 腐食
　　③ 溶接剥がれ
　　④ ネジの緩みや脱落
　　⑤ 鋭利な角でのケガ
　　⑥ 歩留まり低下（≒不良品の増加）

など、過去、何度も過ちを繰り返してきました。実は、筆者の苦い経験です。
　安易に、思いつきの低コスト化アイデアを導入した結果、最適設計のバランスを崩したことが原因でした。

　　そうなんだよなぁ、オイラもよくやっちまったぜぃ。
　　つまシょぉ、鋼板材料が高騰したからって、その鋼板部品に手を出っしまうんだよなぁ。ド素人はよぉ、……。

　　誰でも、そうしてしまいますよね。

　　やってもいいんだけどよぉ、やっぱ、……

　やはり、項目5-1で解説した「現状分析」が重要です。医者もそうです。手術する前に、徹底した身体検査、そして、患者が手術に耐えうる体力を有していることの確認が必要です。これが職人、プロの世界です。

さらに、重要事項があります。

それは、手術後のリハビリです。そのために医者は、「インフォームドコンセント」を、患者に対して十分な時間をかけて実施しています。

設計職人も同じです。

コストバランス法は、対象部品の存在を安定化させている複数のカウンターバランスの部品を容易に見つけ出し、それらに対策を施すことも示唆しています。

また、最適設計の「見える化」により、低コスト化の対策による「2次障害的リスク」を分散させることを特徴としているのです。低コスト化後のリハビリ、そのリスクを極力回避しているのです。

この事例により、コストバランス法とは、使い勝手が良い割には、深い示唆を提示してくれる手法であることが理解できたと思います。

超低コスト化力

コストバランス法は、複数のカウンターバランスの部品を容易に見つけ出し、それらに対策を施すことも示唆してくれる。

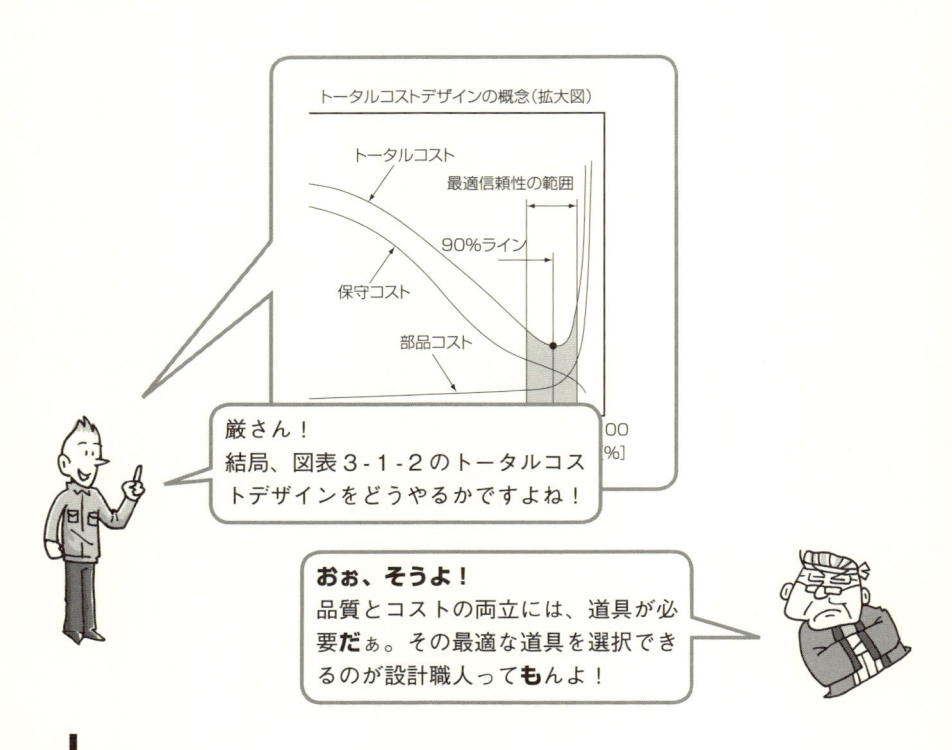

トータルコストデザインの概念(拡大図)

トータルコスト
最適信頼性の範囲
90％ライン
保守コスト
部品コスト

厳さん！
結局、図表3-1-2のトータルコストデザインをどうやるかですよね！

おぉ、そうよ！
品質とコストの両立には、道具が必要だぁ。その最適な道具を選択できるのが設計職人ってもんよ！

超低コスト化力・チェックポイント

【第5章における超低コスト化力・チェックポイント】
　第5章における「超低コスト化力・チェックポイント」を下記にまとめました。理解できたら「レ」点マークを□に記入してください。

〔項目5-1：事例：低コスト化を実施する商品の現状分析〕

① マイナーチェンジにおけるコストバランス法の適用は、現状把握から開始すること。手術前の健康診断に相当する。　□

② コストバランス法は、コストバランス分析（CB分析）とコストモーメント分析（CM分析）の二つに分類する。　□

③ コストバランス法の適用は、まず、相関係数の確認が必要である。相関係数（R）≧0.8（目安）と本書は定義する。　□

④ バランス・インジケータに関して、この数値でコストバランスがとれたという定義はない。　□

④ コスト（原価）を把握できなければ、低コスト化活動はまったくできない。　□

⑤ コストバランス法のステップアップとして、「アンバランス要因」という概念を理解しよう。　□

⑥ コストバランス法のステップアップとして、「カウンターバランス」という概念を理解しよう。　□

〔項目5-2:鋼板の材料高騰に関するコストバランス法の実施例〕
① コストバランス法に関して、競合機に対抗する新規開発と、材料高騰に対処するマイナーチェンジのアプローチは異なる。　□

② コストバランス法は、全体構成の分析から低コスト化対象物を選定し、さらに、その対象物もコストバランス法で分析する。　□

〔項目5-3:コモディティ別によるさらなるコストバランス法〕
① 「板金」、「樹脂」、「切削」、「ゴム・スポンジ・シール」、「電気・電子部品」などの分類を「コモディティ」と呼ぶ。　□

② コモディティ別のCB分析とCM分析は、調達部(資材部)への明確な指示を提示できる。　□

③ これでもか！と何度も深掘りできるコストバランス法は、「品質とコストの両立」を優先した唯一の開発手法である。　□

〔項目5-4:禁じ手のフレームを低コスト化設計してみる?〕
① コストバランス法は、複数のカウンターバランスの部品を容易に見つけ出し、それらに対策を施すことも示唆してくれる。　□

チェックポイントで70%以上に「レ」点マークが入りましたら終了です。お疲れ様でした。

> オイ、まさお！よく聞け！
> 今後は、実践あるのみだ！

> 厳さん！
> プロの世界は実践が重要なんですね。

【設計職人を目指すあなたへのお願い】
　以下、繰り返しのお願いです。
　コストバランス法……いかがでしたか？ 厳さんも言っていますね……

今後は実践あるのみ！

　簡単な対象物から実践することが、習得のコツです。その前に「相関係数（R）≧0.8」をお忘れなく！

　近年、一部の日本人技術者は、粗探し（あらさがし）がお好きなようです。恐らく、コストバランス法は粗だらけかもしれません。しかし、隣国の技術者は、粗探しではなく、どうやったら有効活用できるかだけを熟考してくれました。
　その理由は簡単です。給与が年俸制で、業務は業務指名制だからです。
　粗を探しているエネルギーと時間を費やしている間に、仲間が有効活用してしまえば、業務指名されません。当然、年俸が下がります。
　日本人技術者のあなたも、コストバランス法の粗（あら）を探す余裕があるならば、是非、トライアルすることにエネルギーと時間を費やしてください。捨てることなら、いつでもできます。

おわりに　手法の有効活用は指導者で決まる！

　「職人は道具を使えて一人前」、「コストパフォーマンスの追求には道具が必要」と解説してきました。一方、困惑する事象も発生しています。
　それは、……日本では主に大企業を中心に、○○手法のオタク社員、または、そのOBの出現です。彼らの特徴は、……
　　① すべては○○手法
　　② 地球は○○手法を中心に回転
　　③ ○○手法だけが開発に必須
とばかりに、企業内の生産や開発現場、そして、若手技術者を困惑させています。

　さらに、もうひとつの際立った特徴があります。それは、……
　説明会やホームページで、○○手法の長所しか説明しません。副作用のない妙薬はあるのでしょうか？　そして、○○手法のオタクは、「オレが！　オレが！」と第一人者であることを主張します。その結果、説明会やホームページでの解説に、同業者けん制のための専門用語が増加し、難解になっています。ひどい場合は、同業者をけん制するだけではなく、名指しでけなす場合もあります。
　彼らの目的は名声と金銭ですから、手法は自ずと「管理者の、管理者による、管理者のための手法」に変貌します。現場の技術者は、たまったものではありません。
　一方、すばらしい指導者が存在しています。その見極めは容易です。
　　① 手法の解説が容易（わかりやすい）
　　② 手法の長所と短所を実例で説明する。
　　③ 必ず現場に入って、いっしょに活動し、範を示す。
　その指導者は、実務経験があるから失敗も経験しているのです。実務経験者ですから、あなたと一緒の現場で範を示せるのです。
　あなたへのアドバイスです。手法に関する指導者の選択を誤ると、すぐれた手法も「百害あって、一利なし」となります。

2013年4月

筆者：國井　良昌

【書籍サポート】
　皆様のご意見やご質問のフィードバックなど、ホームページ上でサポートする予定です。下記のURLの「ご注文とご質問のコーナー」へアクセスしてください。
　　　　URL：國井技術士設計事務所　http://a-design-office.com/

著者紹介──

國井 良昌（くにい よしまさ）

技術士（機械部門：機械設計／設計工学）
日本技術士会 機械部会
横浜国立大学 大学院工学研究院 非常勤講師
首都大学東京 大学院理工学研究科 非常勤講師
山梨大学工学部 非常勤講師
山梨県工業技術センター客員研究員
高度職業能力開発促進センター運営協議会専門部会委員

1978年、横浜国立大学 工学部 機械工学科卒業。日立および、富士ゼロックスの高速レーザプリンタの設計に従事した。1999年、國井技術士設計事務所を設立。設計コンサルタント、セミナー講師、大学非常勤講師として活動中。以下の著書が日刊工業新聞社から発行されている。

・「ついてきなぁ！加工知識と設計見積り力で『即戦力』」などの「ついてきなぁ！」シリーズ 全13冊

URL：國井技術士設計事務所　　http://a-design-office.com/

ついてきなぁ！
品質とコストを両立させる「超低コスト化設計法」　NDC 531.9

2013年 6月25日　初版1刷発行
2015年12月25日　初版2刷発行

（定価はカバーに表示されております。）

Ⓒ著　者　　國　井　良　昌
発行者　　井　水　治　博
発行所　　日刊工業新聞社
〒103-8548　東京都中央区日本橋小網町14-1
電　話　書籍編集部　東京　03-5644-7490
　　　　販売・管理部　東京　03-5644-7410
　　　　FAX　　　　　　　　03-5644-7400
振替口座　00190-2-186076
URL　http://pub.nikkan.co.jp/
e-mail　info@media.nikkan.co.jp

印刷・製本　ワイズファクトリー

落丁・乱丁本はお取替えいたします。　　2013　Printed in Japan
ISBN 978-4-526-07086-0

本書の無断複写は、著作権法上での例外を除き、禁じられています。

日刊工業新聞社の好評図書

ついてきなぁ！
加工知識と設計見積り力で『即戦力』

國井　良昌　著
A5判220頁　定価（本体2200円＋税）

　「自分で設計した部品のコスト見積りもできない設計者になっていませんか？」
　もし、心当たりがあれば迷わず読んで下さい。本書は、機械設計における頻度の高い加工法だけにフォーカスし、図面を描く前の低コスト化設計を「即戦力」へと導く本。本書で理解する加工法とは、加工機の構造や原理ではなく、設計の現場で求められている「即戦力」、つまり、(1) 使用頻度の高い加工法の「得手不得手」を知る、(2) 加工限界を知る、(3) 自分で設計した部品費と型代が見積れる、の3点。イラストでは大工の厳さんがポイントに突っ込んでくれる「図面って、どない描くねん！」の江戸っ子版。「現場の加工知識」と「設計見積り能力アップ」で「低コスト化設計」を身につけよう！

＜目次＞
はじめに：「10年かけて一人前では遅すぎる」
第1章　即戦力のための低コスト化設計とは
第2章　公差計算は低コスト化設計の基本
第3章　板金加工編
第4章　樹脂加工編
第5章　切削加工編
おわりに：「お客様は次工程」

ついてきなぁ！
『設計書ワザ』で勝負する技術者となれ！

國井　良昌　著
A5判228頁　定価（本体2200円＋税）

　「ついてきなぁ！」シリーズ第2弾。3次元CADの急激な導入により、3次元モデラーへと変貌した設計者を、「設計書と図面」セットでアウトプットできる設計本来の姿に導くため、数多くの『設計書ワザ』を解説する本。
1. 設計者のための設計書のあり方・書き方を伝授する。
2. 設計書が、設計者の最重要アウトプットであることを導く。
3. 設計書が、設計効率の最上位手段であることを理解させ、実践を促す。

　本書で、数々の「設計書ワザ」を身につければ、設計書で勝負できる技術者になれる！

＜目次＞
はじめに：3次元モデラーよ！設計者へと戻ろう
第1章　トラブル半減、設計スピード倍増の設計書とは
第2章　企画書から設計書へのブレークダウン
第3章　設計書ワザで「勝負する」
第4章　設計思想の上級ワザで「勝負する」
第5章　机上試作ワザで「勝負する」
第6章　時代に即したDQDで「勝負する」
おわりに：「設計のプロフェッショナルを目指そう！」

日刊工業新聞社の好評図書

ついてきなぁ！
加工部品設計で3次元CADのプロになる！
－「設計サバイバル術」てんこ盛り

國井　良昌　著
A5判224頁　定価（本体2200円＋税）

　板金部品、樹脂部品、切削部品の3次元CAD設計を通して、設計初心者をベテラン設計者に導く本。「設計サバイバル術」と称したノウハウポイントを「てんこ盛り」で紹介した、機械設計者すべてに役に立つ入門書。
　3次元CADの断面作成機能を駆使して、加工形状の「断面急変部」を回避することが設計サバイバルの第1歩。本書を理解して、「トラブル」や「ケガ」を最小限に止める究極のサバイバル術を身につけよう。

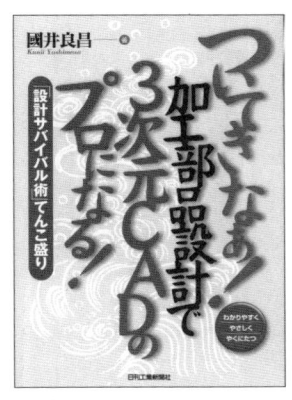

＜目次＞
第1章　究極の設計サバイバル術
第2章　板金部品における設計サバイバル術
第3章　樹脂部品における設計サバイバル術
第4章　切削部品における設計サバイバル術

ついてきなぁ！
失われた「匠のワザ」で設計トラブルを撲滅する！
－設計不良の検出方法と完全対処法

國井　良昌　著
A5判232頁　定価（本体2200円＋税）

　「ついてきなぁ！シリーズ第4弾」設計者に起因する設計変更、開発遅延、設計トラブル、製品事故、リコール。そうしたトラブルに満足に対処できないために起こる致命的な設計トラブルに対して、安易な「技術者教育」と「品質管理の強化」ではなく、「匠のワザの教育」と「トラブルの未然抽出」、「完全対策法の伝授」による、真の技術対応策を解説する。

＜目次＞
第1章　匠のワザ（1）：トラブルの98％がトラブル三兄弟に潜在
第2章　匠のワザ（2）：インタラクションギャップを見逃すな
第3章　匠のワザ（3）：これで収束！トラブル完全対策法
第4章　匠のワザ（4）：再発を認識したレベルダウン法
第5章　匠のワザ（5）：現象ではなく原因に打つ根本対策法

日刊工業新聞社の好評図書

ついてきなぁ！
設計トラブル潰しに『匠の道具』を使え！
－FMEAとFTAとデザインレビューの賢い使い方

國井　良昌　著
A5判228頁　定価（本体2200円＋税）

　「ついてきなぁ！シリーズ第5弾」。「設計トラブル対策」の実践をテーマに、設計の不具合や故障、製品トラブルに対処するため、従来とは違う、FMEA、FTA、デザインレビュー（設計審査）などの「賢い使い方や対処法」＝「匠の道具」を解説する。＜最重要ノウハウ＞「MDR（ミニデザインレビュー）マニュアル」付き！

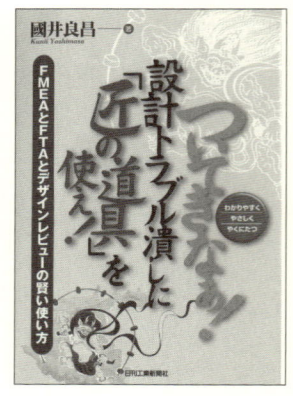

＜目次＞
第1章　匠の教訓：社告・リコールはいつもあの企業
第2章　匠のワザ：「匠の道具」を使いこなすために
第3章　匠の道具（1）：やるならこうやる 3D-FMEA
第4章　匠の道具（2）：やるならこうやる！FTA
第5章　匠の道具（3）：やるならこうやる デザインレビュー

ついてきなぁ！
材料選択の「目利き力」で設計力アップ
－「機械材料の基礎知識」てんこ盛り

國井　良昌　著
A5判234頁　定価（本体2200円＋税）

　「ついてきなぁ！シリーズ第6弾」。今回のテーマは設計に役立つ「機械材料」の「目利きヂカラ」の育成。「切削」「板金」「樹脂」材料の特性を理解し、必要不可欠な材料工学の知識を身につける。本書を読めば、即戦力として役立つ、最適な「材料選択」ができるようになる。本書で使用するデータとしては、使用頻度の高い実用的な材料データだけを提供し、若手技術者へは実務優先の基礎知識を、中堅技術者へは材料の標準化による低コスト化設計を促している。

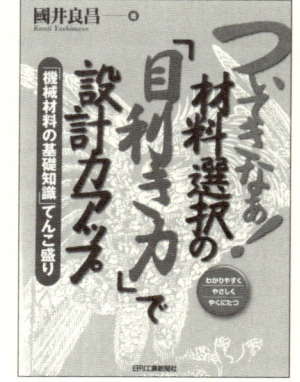

第1章　設計力アップ！切削用材料はたったこれだけ
第2章　設計力アップ！板金材料はたったこれだけ
第3章　設計力アップ！樹脂材料はたったこれだけ
第4章　設計力アップ！「目利き力」の知識たち

日刊工業新聞社の好評図書

ついてきなぁ！
加工部品設計の「儲かる見積り力」大作戦

國井　良昌　著
A5判244頁　定価（本体2200円＋税）

　「厳さん」と「まさお君」の楽しい掛け合いで、飽きずに読める「ついてきなぁ！」シリーズ第7弾。今回のテーマは設計に役立つ「見積り力」向上。図面を描く前の設計力向上に活用できる知識が満載された、「加工知識」と「設計見積り力」がどんどんわかる「儲かる見積り力」をアップする大作戦なのである。

＜目次＞
第1章　設計見積りができないとこうなる！
第2章　板金/樹脂/切削部品の加工知識と設計見積り（復習）
第3章　ヘッダー/転造の加工知識と設計見積り
第4章　表面処理/めっきの加工知識と設計見積り
第5章　ばねの加工知識と設計見積り
第6章　ゴム成形品の加工知識と設計見積り

ついてきなぁ！
設計のポカミスなくして楽チン検図

國井　良昌　著
A5判238頁　定価（本体2200円＋税）

　「ついてきなぁ！」シリーズ第8弾。今回のテーマは設計品質の「最後の砦」といわれている検図。昨今、検図者の検図能力と検図意識が急激に衰退している。そこで本書では、「設計のポカミス防止」と「真の検図」を解説する。

　本書では、設計の原点に戻り、設計品質の向上を根本から案内し、「設計の職人」へと導く。「図面レス」時代に対応できる本当の「検図」の能力を身につけたいならば、本書に「ついてきなぁ！」

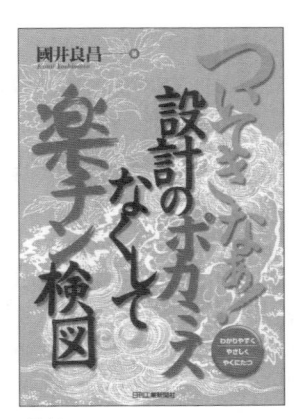

＜目次＞
第1章　設計のポカミス撲滅でトラブルを防止する
第2章　企画段階におけるポカミスを防止する
第3章　設計段階におけるポカミス防止で後戻りを回避
第4章　試作段階におけるポカミス防止でトラブル再発防止
第5章　ここまでくれば楽チン検図ができる（機能検図編）
第6章　図面レス時代を迎えた検図（生産検図編）

日刊工業新聞社の好評図書

ついてきなぁ！
昇進したあなたに贈る「勝つための設計力」

國井　良昌 著
A5判228頁　定価（本体2200円＋税）

　「ついてきなぁ！」シリーズ第9弾。今回のテーマは「設計力（設計マネージメント力）」。「勝つこと」に拘らなければならない係長以上の設計者のために、「守備の設計」から「攻撃の設計」への意識改革を植えつけ、さらにそれぞれの力量に応じた「技術コンピテンシー」を磨くことで、「技術マネージメント」と「戦略マネージメント」の力をつける。本書を読んで、勝つための「設計力」を身につけよう！

第1章	設計マネージメントに必要なコンピテンシー
第2章	Q：品質戦略に必要なコンピテンシー
第3章	Q：品質を攻めればCとDがついてくる
第4章	Q：審査判定における戦略マネージメント
第5章	C：低コスト化戦略に必要なコンピテンシー

ついてきなぁ！
設計心得の見える化「養成ギブス」
－いきなり評価される"技術プレゼンと技術論文"

國井　良昌 著
A5判224頁　定価（本体2200円＋税）

　「ついてきなぁ！」シリーズ第10弾。今回のテーマは新人設計者のための「技術プレゼンテクニック」。プレゼンと言っても、ありきたりなものではなく、設計の基本を備えた「コミュケプレゼン」を解説する。教えるのは、技術者が技術者に向けてプレゼンする際の、会話力、資料作成能力、コミュニケーションツールの使いこなし、そしてそれらの結果、目標、評価。本書を読んで、技術者として評価されるための、「（新人設計者）養成ギブス」を身につけよう！

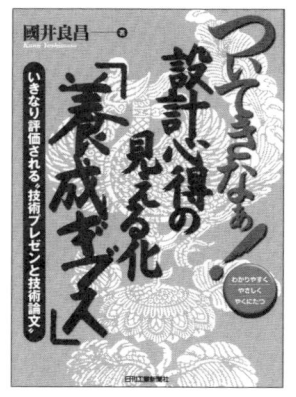

第1章	設計力養成ギブスを着用するのはあなた！
第2章	いきなり！コミュニケ プレゼン スキルアップ
第3章	プレゼン資料や技術論文の作成ノウハウ
第4章	プレゼン資料や技術論文はタイトルから勝負しろ！
第5章	いきなり！技術力診断と将来の目標設定
第6章	設計者に必須の設計ツール（道具）